U0255890

普通高等教育系列教材

机 器 人 技 术

第 2 版

张　玫　邱钊鹏　诸　刚　编

机 械 工 业 出 版 社

随着机器人技术的飞速发展，工业机器人已广泛应用于各个领域的工作现场。为了适应岗位的需求，机器人技术也应该在工程类学生中普及。本书共7章，包括绪论、机器人的机械结构、传感器在机器人上的应用、机器人的驱动系统、机器人控制系统、机器人编程语言、机器人的应用。本书立足于机器人理论知识和实际应用技术的恰当结合，强调工程实际应用，体现了当前机器人领域的最新技术，并以典型应用实例为主线，将其贯穿于整个理论教学和实验教学的全过程，把理论与实践教学有机地结合起来，充分发掘学生的创造潜能，提高学生解决实际问题的综合能力。

本书主要作为各高等院校机械工程类、自动化类及其他相关专业的教材，也可供工程技术人员自学和作为培训教材使用。

图书在版编目（CIP）数据

机器人技术/张玫，邱钊鹏，诸刚编. —2 版. —北京：机械工业出版社，2016.1（2023.6 重印）
普通高等教育系列教材
ISBN 978－7－111－52206－5

Ⅰ.①机…　Ⅱ.①张…②邱…③诸…　Ⅲ.①机器人技术－高等学校－教材　Ⅳ.①TP24

中国版本图书馆 CIP 数据核字（2015）第 278999 号

机械工业出版社（北京市百万庄大街22号　邮政编码100037）
策划编辑：贡克勤　责任编辑：贡克勤　王玉鑫
责任校对：刘秀丽　责任印制：常天培
北京机工印刷厂有限公司印刷
2023 年 6 月第 2 版·第 12 次印刷
184mm×260mm·11.5 印张·278 千字
标准书号：ISBN 978－7－111－52206－5
定价：29.80 元

电话服务　　　　　　　　　　网络服务
客服电话：010－88361066　　机　工　官　网：www.cmpbook.com
　　　　　010－88379833　　机　工　官　博：weibo.com/cmp1952
　　　　　010－68326294　　金　书　网：www.golden-book.com
封底无防伪标均为盗版　机工教育服务网：www.cmpedu.com

前　　言

机器人技术在短短几十年中，已经广泛应用于国民经济的各个领域。在现代化的工业生产中，机器人从事焊接、喷涂、装配、搬运、加工、检验等工作，已经成为生产中不可缺少的得力助手。在其他领域，如医疗、服务、深海、外太空等方面，机器人也在不断发展，发挥着巨大作用。

机器人是典型的机电一体化设备，涉及机械工程、电子技术、计算机技术、自动控制理论以及人工智能等多门学科的知识。作为一名21世纪的工程师、理工科学生，有必要学习并掌握一些机器人方面的知识。特别是自动化类和机械工程类专业的学生，更应该把机器人技术作为必修课来学习。

本书共分7章，以机器人技术的基本理论、基本方法、典型工程应用为主线展开介绍，具体内容如下：

第1章：简单介绍了机器人的产生、发展、定义、分类和其研究的主要内容，目的是使读者对机器人有一个初步的认识和了解，为后续内容的学习奠定基础。

第2章：主要介绍了机器人的基本结构、组成特点及主要技术参数，在此基础上，对工业机器人的基本结构、分类、应用及发展趋势做了简单介绍；还重点介绍了工业机器人的机身、臂部、腕部、手部及移动机构的相关结构特点、应用形式以及机器人的位姿问题。

第3章：主要对机器人常用的传感器的基本分类、功能与要求及选择条件等做了简单介绍；另外对机器人的内部传感器、外部传感器的工作原理和常用类型做了介绍；重点介绍了机器人常用的几种典型内部传感器和外部传感器的原理及应用；最后介绍了多传感器信息融合技术的概念、分类、结构形式和发展趋势。

第4章：主要介绍了各种驱动方式的应用特点，其次对各种机器人常用的驱动方式如液压驱动、气压驱动、步进电动机驱动、直流伺服电动机驱动、交流伺服电动机驱动等做了详尽介绍，同时还介绍了一些新型驱动器的应用情况。

第5章：主要介绍了机器人控制系统的分类、机器人位置控制、运动轨迹规划、力（力矩）控制、工业机器人控制方式等内容。

第6章：主要介绍了机器人常用编程语言、工业机器人的编程方式及应用实例。

第7章：主要介绍了机器人在不同领域的应用，重点介绍了几种典型应用，包括工业用的焊接机器人、装配机器人、农业常用机器人和服务业常用机器人等，并对机器人技术未来的发展趋势及发展方向做了介绍。

本书在第1版的基础上，总结了最近几年该教材的使用情况及在教学中的需求，做了适当的修订。本次修订注重理论与实践结合，强调实际应用，突出教材的实用性和先进性。

本次主要修订了第1章、第2章、第3章、第6章和第7章的内容。第1章增加了近几年国内工业机器人的应用情况；第2章修订了机器人的最新发展趋势；第3章对多信息融合的典型应用做了补充说明；第6章增加了机器人自主编程的内容；第7章结合近年来的新趋势和新技术，修订了机器人应用概述及机器人的发展趋势这两部分内容。

本书可作为应用型本科、高职高专机械工程类、自动化类专业及其他相关专业的教材，也适用于有关工程技术人员作为参考。

本书由张玫、邱钊鹏、诸刚编写，由张玫统稿。

由于编者水平有限和时间仓促，书中难免有错误和不足，恳请广大读者批评指正。

作　者

目　　录

第1章 绪 论

1.1 机器人的产生与发展

1.1.1 机器人的由来

尽管在几十年前"机器人"一词才出现，但实际上机器人的概念早在三千多年前就已经存在了。我国西周时期，能工巧匠偃师就研制出了能歌善舞的伶人，这是我国最早记载的机器人。春秋后期，我国著名的木匠鲁班，在机械方面也是一位发明家，据《墨经》记载，他曾制造过一只木鸟，能在空中飞行"三日不下"，体现了我国劳动人民的聪明智慧。我国东汉时期的大科学家张衡不仅发明了地动仪，而且发明了计里鼓车。计里鼓车每行一里，车上木人击鼓一下，每行十里击钟一下，是最早的机器人雏形。三国时期，蜀国丞相诸葛亮成功地发明"木牛流马"，并用其运送军粮，支援前方战争。1662年，日本的竹田近江利用钟表技术发明了自动机器玩偶，并在大阪的道顿堀演出。1738年，法国天才技师杰克·戴·瓦克逊发明了一只机器鸭，它会嘎嘎叫，会游泳和喝水，还会进食和排泄。瓦克逊的本意是想把生物的功能加以机械化而进行医学上的分析。在当时的自动玩偶中，最杰出的要数瑞士的钟表匠杰克·道罗斯和他的儿子利·路易·道罗斯制造的玩偶。1773年，他们连续推出了自动书写玩偶（如图1-1所示）、自动演奏玩偶等，他们创造的自动玩偶是利用齿轮和发条原理制成的。它们有的拿着画笔和颜色绘画，有的拿着鹅毛蘸墨水写字，结构巧妙，服装华丽，在欧洲风靡一时。由于受当时技术条件的限制，这些玩偶其实只是身高一米的巨型玩具。现在保留下来的最早的机器人是瑞士努萨

图1-1 自动书写玩偶

蒂尔历史博物馆里的少女玩偶，它制作于二百年前，两只手的十个手指可以按动风琴的琴键而弹奏音乐，现在还定期演奏供参观者欣赏。

1920年，捷克斯洛伐克作家卡雷尔·恰佩克在他的科幻小说《罗萨姆的机器人万能公司》中，根据 Robota（捷克文，原意为"劳役、苦工"）和 Robotnik（波兰文，原意为"工人"），创造出"机器人"（Robot）这个词。1950年，美国著名科学幻想小说家阿西莫夫在他的小说《我是机器人》中，首次使用了 Robotics（机器人学）来描述与机器人有关的科学，并提出了著名的"机器人三原则"：

1）机器人不能伤害人类，也不能眼见人类受到伤害而袖手旁观。

2）机器人应服从人类的命令，但不能违反第一条原则。

3）机器人应保护自身的安全，但不能违反第一条和第二条原则。

这三条原则目前已成为机器人研究人员与研制厂家共同遵守的指导方针。

1.1.2　现代机器人的发展史

现代机器人的研究始于 20 世纪中期，其技术背景是计算机和自动化技术的发展以及原子能的开发利用。1954 年，美国人乔治·德沃尔制造出世界上第一台可编程的机器人（可编程关节传送装置），它第一次使用示教—再现的控制方式。1959 年，德沃尔与美国发明家约瑟夫·英格伯格联手制造出第一台真正意义的工业机器人——Unimate，随后，成立了世界上第一家机器人制造工厂——Unimation 公司。由于英格伯格对工业机器人的研发和宣传，他也被称为“工业机器人之父”。1962 年，美国 AMF 公司生产出 VERSTRAN（万能搬运），与 Unimation 公司生产的 Unimate 一样成为真正商业化的工业机器人，并出口到世界各国，掀起了全世界对机器人使用和研究的热潮。

1965 年，MIT 的 Roberts 演示了第一个具有视觉传感器的、能识别与定位简单积木的机器人系统。1967 年，日本成立了人工手研究会（现改名为仿生机构研究会），同年召开了日本首届机器人学术会议。1970 年，在美国召开了第一届国际工业机器人学术会议。1970 年以后，机器人的研究得到迅速广泛的普及。1973 年，辛辛那提·米拉克隆公司的理查德·豪恩制造了第一台由小型计算机控制的工业机器人，它是液压驱动的，能提升的有效负载达 45 千克。

直到 1980 年，工业机器人才真正在日本普及，故称该年为“机器人元年”。随后，工业机器人在日本得到了巨大发展，日本也因此而赢得了“机器人王国的美称”。随着计算机技术和人工智能技术的飞速发展，机器人在功能和技术层次上有了很大的提高，移动机器人和机器人的视觉和触觉等技术就是典型的代表。由于这些技术的发展，推动了机器人概念的延伸。20 世纪 80 年代，出现了智能机器人的概念。具有感觉、思考、决策和动作能力的系统称为智能机器人，这是一个概括的、含义广泛的概念。这一概念不但指导了机器人技术的研究和应用，而且又赋予了机器人技术向深广发展的巨大空间，水下机器人、空间机器人、空中机器人、地面机器人、微小型机器人等各种用途的机器人相继问世，许多梦想成为了现实。

我国机器人研究起步较晚。先是 20 世纪 70 年代的萌芽期，随后是 80 年代的开发期和 90 年代的快速发展时期。1972 年，中国科学院沈阳自动化研究所开始了机器人的研究工作。1985 年 12 月，我国第一台水下机器人“海人一号”首航成功，开创了机器人研制的新纪元。1997 年，南开大学机器人与信息自动化研究所研制出我国第一台用于生物实验的微操作机器人系统。

中国机器人示范工程中心从 1987 年开始，先后制造了三台水下机器人。

1994 年 11 月，中科院沈阳自动化所等单位研制成功的我国第一台无缆水下机器人“探索者号”首航成功，最大潜水深度为 1000m。它的研制成功，标志着我国水下机器人技术已走向成熟。

1995 年 5 月，我国第一台高性能精密装配智能型机器人“精密一号”在上海交通大学诞生，它的诞生标志着我国已具有开发第二代工业机器人的技术水平。

1995 年中科院沈阳自动化所研制成功的 6000m 无缆自治水下机器人，是我国 863 计划中的重中之重项目，获得 1997 年国家十大科技进展之一。2005 年 4 月，中科院沈阳自动化所又研制成功星球探测机器人。2006 年，我国又研制成功世界最大潜深载人潜水器“海极一号"，7000m 的工作潜深，比世界上另外 5 台同类产品深 500m，可以达到世界 99.8% 的海底。

经过几十年的发展，我国机器人的研究有了很大的发展，有的方面已达到世界先进水平，但与先进的国家相比还有较大差距，从总体上来看，我国机器人研究仍然任重道远。

目前，国内工业机器人的使用仍较多集中于汽车行业。就全球平均水平来看，汽车行业的应用约占工业机器人总量的 40%，而在中国，这一数字目前在 70% 左右。随着市场对机器人产品认可度的不断提高，机器人应用正从汽车工业向一般式业延伸。和全球工业机器人市场类似，我国的工业机器人的三大主要种类为焊接、搬运和喷涂，三大应用行业为汽车及零部件、电子电器和化工（塑料和橡胶），只是所占比例略有不同。近几年，除汽车工业外，电子、物流等行业的机器人安装数量增长也很快。

据统计，2014 年，我国工业机器人销量已经超过日本成为全球第一机器人销售大国。尽管如此，我国机器人数量使用密度较发达国家而言依然较低。国际上通常以制造业机器人密度（指每一万名工人中所拥有的多功能机器人数量）来衡量一个国家的自动化水平。我国的制造业机器人密度仅为 30 台/万人，不到日本的十分之一（见图 1-2 所示），与世界平均水平的 55 台/万人也有较大差距。从这个方面来看，我国工业机器人的市场需求依然十分广阔。

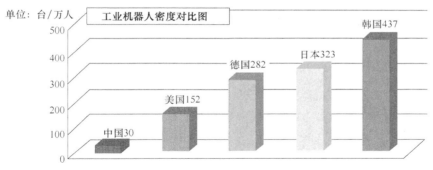

图 1-2　工业机器人使用密度对比图

1.2　机器人的定义

至今，世界上对机器人还没有统一的定义，各国有自己的定义，这些定义之间差别较大。国际上，关于机器人的定义主要有如下几种：

1）英国简明牛津字典的定义：机器人是"貌似人的自动机，具有智力的和顺从于人的但不具人格的机器"。

2）美国机器人协会（RIA）的定义：机器人是"一种用于移动各种材料、零件、工具或专用装置的，通过可编程序动作来执行种种任务的，并具有编程能力的多功能机械手（manipulator）"。

3）日本工业机器人协会（JIRA）的定义：工业机器人是"一种装备有记忆装置和末端执行器（end effector）的，能够转动并通过自动完成各种移动来代替人类劳动的通用机器"。

4）美国国家标准局（NBS）的定义：机器人是"一种能够进行编程并在自动控制下执行某些操作和移动作业任务的机械装置"。

5）国际标准组织（ISO）的定义："机器人是一种自动的、位置可控的、具有编程能力的多功能机械手，这种机械手具有几个轴，能够借助于可编程序操作来处理各种材料、零件、工具和专用装置，以执行种种任务"。

6）我国的定义：随着机器人技术的发展，我国也面临讨论和制定关于机器人技术的各项标准问题，其中包括对机器人的定义。蒋新松院士曾建议把机器人定义为"一种拟人功能的机械电子装置"（a mechatronic device to imitate some human functions）。

我们可以参考各国的定义，结合我国情况，对机器人作出统一的定义。上述各种定义有共同之处，即认为机器人①像人或人的上肢，并能模仿人的动作；② 具有智力或感觉与识别能力；③ 是人造的机器或机械电子装置。我国国家标准 GB/T 12643—1990 的定义：工业机器人是一种能自动定位控制、可重复编程的、多功能的、多自由度的操作机，能搬运材料、零件或操持工具，用以完成各种作业。

1.3　机器人的分类

机器人如何分类，国际上没有制定统一的标准，有的按发展时期分类，有的按控制方式分类，有的按几何结构分类，有的按应用领域分类。

1.3.1　按发展时期分类

按照从低到高的发展，机器人分为三代。

第一代是示教再现型机器人。"尤尼梅特"和"沃尔萨特兰"这两种最早的工业机器人是示教再现型机器人的典型代表。它由人操纵机械手做一遍应当完成的动作或通过控制器发出指令让机械手臂动作，在动作过程中机器人会自动将这一过程存入记忆装置。当机器人工作时，能再现人教给它的动作，并能自动重复地执行。这类机器人不具有外界信息的反馈能力，很难适应变化的环境。

第二代是有感觉的机器人。它们对外界环境有一定感知能力，并具有听觉、视觉、触觉等功能。机器人工作时，根据感觉器官（传感器）获得的信息，灵活调整自己的工作状态，保证在适应环境的情况下完成工作。如：有触觉的机械手可轻松自如地抓取鸡蛋，具有嗅觉的机器人能分辨出不同饮料和酒类。

第三代是具有智能的机器人。智能机器人是靠人工智能技术决策行动的机器人，它们根据感觉到的信息，进行独立思维、识别、推理，并作出判断和决策，不用人的参与就可以完成一些复杂的工作。日本研制的能演奏数首曲目的"瓦伯特2号机器人，已达到5岁儿童的智能水平。目前，智能机器人已在许多方面具有人类的特点，随着机器人技术不断发展与完善，机器人的智能水平将越来越接近人类。

1.3.2　按几何结构分类

机器人的机械配置多种多样，按坐标形式的不同可分为直角坐标机器人、圆柱坐标机器人、球坐标机器人和关节型机器人等几类。

1. 直角坐标机器人

直角坐标机器人由三个线性关节组成，这三个关节可确定末端执行器的位置，通常还带有附加的旋转关节用来确定末端执行器的姿态。如图 1-3 所示，这一类机器人位置精度高，控制无耦合、简单，但结构复杂，占地面积大。因末端操作工具的不同，直角坐标机器人可以非常方便地用作各种自动化设备，完成如焊接、搬运、上下料、包装、码垛、拆垛、检测、探伤、分类、装配、贴标、喷码、打码、软仿形喷涂、目标跟随、排爆等一系列工作，特别适用于多品种、变批量的柔性化作业，对于稳定、提高产品质量，提高劳动生产率，改善劳动条件和产品的快速更新换代起着十分重要的作用。

2. 圆柱坐标机器人

圆柱坐标机器人由两个滑动关节和一个旋转关节来确定末端执行器的位置，如图 1-4 所示，也可再附加一个旋转关节来确定部件的姿态。其位置精度仅次于直角坐标机器人，控制简单，但结构庞大，移动轴的设计复杂。

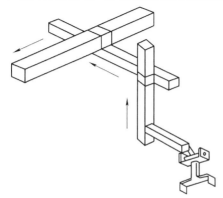

图 1-3　直角坐标机器人

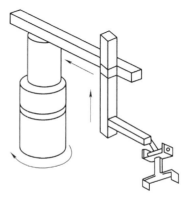

图 1-4　圆柱坐标机器人

3. 球坐标型机器人

球坐标机器人采用球坐标系，它用一个滑动关节和两个旋转关节来确定部件的位置，再用一个附加的旋转关节确定部件的姿态，如图 1-5 所示，也可再附加一个旋转关节来确定部件的姿态。这类机器人占地面积较小，结构紧凑，但有平衡问题，位置误差与臂长有关。

4. 关节型机器人

关节型机器人的结构类同人的手臂，由几个转动轴、摆动轴和手爪等 5～7 个自由度组成，如图 1-6 所示，该类机器人结构紧凑，占地面积小，工作空间大，是当今工业领域中最常见的工业机器人形态之一，适合用于诸多工业领域的机械自动化作业，比如，自动装配、喷漆、搬运、焊接等工作。

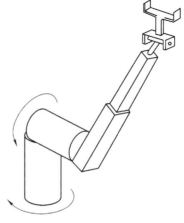

图 1-5　球坐标机器人

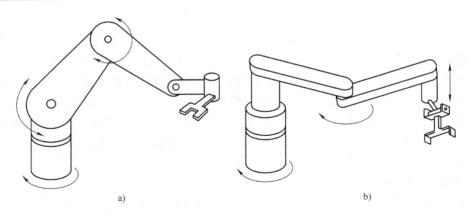

图 1-6　关节型机器人
a）链式关节机器人　b）平面关节机器人

1.3.3　按机器人的控制方式分类

按照控制方式可把机器人分为非伺服控制机器人和伺服控制机器人。

非伺服控制机器人按照预先编好的程序进行工作，使用定序器、插销板、终端限位开关、制动器来控制机器人的运动。

与非伺服控制机器人比较，伺服控制机器人具有较为复杂的控制器、计算机和机械结构，带有反馈传感器，拥有较大的记忆存储容量。这意味着能存储较多点的地址，运行可更为复杂平稳，编制和存储的程序可以超过一个，因而该机器人可以有不同用途，并且转换程序所需的停机时间极短。

伺服控制机器人又可分为点位伺服控制机器人和连续轨迹伺服控制机器人。点位伺服控制机器人一般只对其一段路径的端点进行示教，而且机器人以最快和最直接的路径从一个端点移到另一个端点，点与点之间的运动总是有些不平稳。这种控制方式简单，适用于上下料、点焊等作业。连续轨迹伺服控制机器人能够平滑地跟随某个规定的轨迹，它能较准确地复原示教路径。

1.3.4　按机器人的驱动方式分类

机器人按驱动方式可以分为电力驱动、液压驱动、气压驱动及新型驱动。

电力驱动的驱动器件可以是步进电动机、直流伺服电动机和交流伺服电动机，它是目前采用最多的一种，具有无环境污染、运动精度高、成本低等特点。

液压驱动可以获得很大的抓取能力，抓取力可高达上千牛，传动平稳，结构紧凑，防爆性好，动作也较灵敏，但对密封性要求高，不宜在高、低温现场工作，需配备一套液压系统，成本较高。

气压驱动的机器人结构简单，动作迅速，空气来源方便，价格低，但由于空气可压缩而使工作速度稳定性差，抓取力小，一般只有几十牛至百牛。

随着应用材料科学的发展，一些新型材料开始应用于机器人的驱动，如形状记忆合金驱动、压电效应驱动、磁致伸缩驱动、人工肌肉及光驱动等。

1.3.5 按机器人的用途分类

1. 工业机器人

目前, 工业机器人主要应用在汽车制造、机械制造、电子器件、集成电路、塑料加工等较大规模生产企业。工业机器人常以用途命名, 如, 焊接机器人, 是到现在为止应用最多的工业机器人, 包括点焊和弧焊机器人, 用于实现自动化焊接作业; 装配机器人, 比较多地用于电子部件或电器的装配; 喷漆机器人, 代替人进行各种喷漆作业; 搬运、上下料、码垛机器人, 它们的功能都是根据工况要求的速度和精度, 将物品从一处运到另一处; 还有很多机器人, 如将金属溶液浇到压铸机中的浇铸机器人等。图 1-7 所示为机器人焊接生产线。

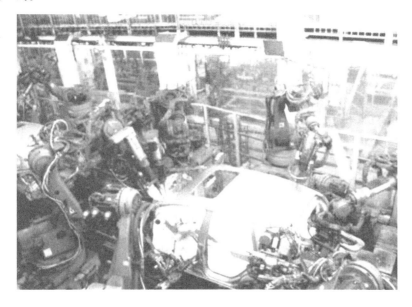

图 1-7 机器人焊接生产线

2. 农业机器人

如图 1-8 所示, 是六足伐木机器人。伐木的工作量很大, 但是很多传统的重型机械却不方便进入到林区, 即使勉强进去了, 活动也不够灵活, 所以就有厂家开发出了这样一款六足伐木机器人。

除了具有传统伐木机械的功能之外, 它最大的特点就在于其巨型的昆虫造型, 因此它能够更好的适应复杂的路况, 而不至于像轮胎或履带驱动的产品那样行动不便。

如图 1-9 所示是可以采摘草莓的机器人。这款机器人内置有能够感应色彩的摄像头, 可以轻而易举地分辨出草莓和绿叶, 利用事先设定的色彩值, 再配合独特的机械结构, 就可以判断出草莓的成熟度, 并将符合要求的草莓采摘下来。

3. 军事机器人

军用机器人按应用的环境不同又分为地面军用机器人、空中军用机器人、水下军用机器人和空间军用机器人几类。

图 1-8　六足伐木机器人

图 1-9　采摘草莓的机器人

（1）地面军用机器人

所谓地面军用机器人是指在地面上使用的机器人系统，它们不仅在和平时期可以帮助民警排除炸弹、完成要地保安任务，在战时还可以代替士兵执行扫雷、侦察和攻击等各种任务，今天美国、英国、德国、法国、日本等国均已研制出多种型号的地面军用机器人。如图 1-10 所示为新型无人驾驶武器系统 SWORDS，SWORDS 是"特种武器观测侦察探测系统"的英文简写，因与"剑"的英文拼写相同，所以称它为"剑"机器人。"剑"机器人携带有威力强大的自动武器，每分钟能发射 1000 发子弹，它们是美国军队历史上第一批参加与敌方面对面作战的机器人。

（2）空中军用机器人（无人机）

空中军用机器人一般是指无人驾驶飞机，是一种以无线电遥控或由自身程序控制为主的不载人飞机，机上无驾驶舱，但安装有自动驾驶仪、程序控制装置等设备，广泛用于空中侦察、监视、通信、反潜、电子干扰等。与载人飞机相比，它具有体积小、造价低、使用方便、对作战环境要求低、战场生存能力较强等优点，备受世界各国军队的青睐。如图 1-11 所示为诺斯罗普·格鲁曼公司的 rq-4a "全球鹰" 无人驾驶机，是美国空军乃至全世界最先进的无人机之一。

（3）水下机器人

水下机器人，也称无人遥控潜水器，是一种工作于水下的极限作业机器人，能潜入水中代替人完成某些操作。水下环境恶劣危险，人的潜水深度有限，所以它已成为开发海洋的重要工具。无人遥控潜水器主要有有缆遥控潜水器和无缆遥控潜水器两

图 1-10　"剑" 军用机器人

种，其中有缆遥控潜水器又分为水中自航式、拖航式和能在海底结构物上爬行式三种。如图 1-12 所示为美国的 "水下龙虾" 机器人。

图 1-11　全球鹰无人机

（4）空间机器人

开发和利用太空的前景无限美好，可是恶劣的空间环境给人类在太空的生存活动带来了巨大的威胁。要使人类在太空停留，需要有庞大而复杂的环境控制系统、生命保障系统、物质补给系统和救生系统等，这些系统的耗资十分巨大。

在未来的空间活动中，将有大量的空间加工、空间生产、空间装配、空间科学实验和空间维修等工作要做，这样大量的工作不可能仅仅只靠宇航员去完成，还必须充分利用空间机器人。如图 1-13 所示为美国的火星探测机器人。

4. 服务机器人

服务机器人是一种以自主或半自主方式运行，能为人类健康提供服务的机器人，或者是能对设备运行进行维护的一类机器人。这里的服务工作指的不是为工业生产物品而从事的服

务活动，而指的是为人和单位完成的服务工作。广泛应用于医疗、娱乐、维护、保养、修理、运输、清洗、保安、救援、监护等工作，如图 1-14、图 1-15、图 1-16 以及图 1-17 所示分别是不同应用场合的服务机器人。

图 1-12　"水下龙虾"机器人

图 1-13　美国的火星探测器

图 1-14　手术机器人

图 1-15　导游机器人

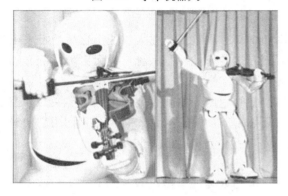

图 1-16　演奏机器人

图 1-17　日本的救援机器人

1.4 机器人技术的主要内容

机器人技术是集机械工程学、计算机科学、控制工程、电子技术、传感器技术、人工智能、仿生学等学科为一体的多学科交叉、结合的综合性技术。每一台机器人都是一个知识密集和技术密集的高科技机电一体化产品。从某种意义上讲，一个国家的机器人技术水平的高低反映了这个国家综合技术实力的高低。

1.4.1 基础理论知识

1）机器人机构：包括机器人机身和臂部的机构，机器人手部的机构，机器人行走机构，机器人关节机构等内容。

2）机器人传感器：包括机器人常用传感器的分类及应用，机器人传感器的要求与选择，机器人内部传感器，机器人外部传感器等内容。

3）机器人的驱动系统：包括机器人的各种驱动方式，电气驱动，气压驱动系统，电液伺服系统驱动等内容。

4）机器人控制系统：包括控制系统概述，机器人控制方式的分类，工业机器人的位置控制，工业机器人的运动轨迹控制，智能控制技术等内容。

5）机器人编程语言：包括机器人的编程要求，机器人语言类型及应用，常用机器人编程语言，工业机器人的示教与编程等内容。

6）机器人的应用：包括机器人在各个领域的应用情况，机器人在不同行业的应用实例等内容。

1.4.2 理论与实践相结合

机器人学同时也是一门实践性很强的学科，因此，理论与实践的结合是很重要的。

学生通过感性认识，加深对所学理论的理解、培养学生实践动手能力的重要环节，以激发学生学习兴趣，培养学生理论联系实际的能力、实践能力和创新能力为主要目标，本着精讲多练，强化实验，提倡研究性学习的基本设计思想，在教学过程中教师边讲解、边演示，学生边学习、边实践、边提问，使学生在"教、学、做"一体的教学环境下，较快地掌握机器人的控制原理，掌握机器人的控制理论知识。最后学生能够运用所学知识自行设计满足一定性能指标要求的机器人控制系统，进而培养学生分析问题、解决问题的能力及其创新能力。主要考虑以下几种方式：

（1）多学科结合

以机器人为核心，贯穿自动化专业机电控制模块知识结构，注重学生能力的培养。由于机器人控制技术是一项跨学科的综合性技术，其控制技术涉及相关理论知识和实际项目较多，在实践教学环节中，在强调本课程重要知识点的同时，将机电一体化技术、运动控制技术、传感器技术、微机原理与接口技术、C语言及其编程等相关课程的内容融入本课程的教学中，达到了相关课程学以致用的目的。

（2）开放的实验环境

开放教学和科研实验室，使学生在课上课下均得到指导。学生在教师的指导下到教学和科研实验室参加科研工作和科技制作，鼓励学生参加各类大赛。

（3）成立兴趣小组

与教学相结合，教师为主要指导教师成立机器人相关的兴趣小组，开展第二课堂。通过机器人实体培养学生的兴趣和创新意识，帮助学生消化、掌握和巩固知识。与实践相结合，利用机器人实体进行创新性实验和开放性实验，以达到知识的融会贯通和综合应用。

小　结

本章对机器人的产生及发展、定义、分类和机器人技术研究的主要内容做了简单地介绍，目的是使读者对机器人有一个初步的认识和了解，为后续内容的学习奠定基础。

思　考　题

1.1　什么是机器人三原则，有什么意义？

1.2　通过查阅资料，总结一下古代机器人的发展历程。

1.3　举例说明机器人的主要分类方式。

1.4　搜集资料，编写一份关于机器人应用领域的调研报告。

第 2 章　机器人的机械结构

2.1　机器人的基本结构

2.1.1　机器人的主要特点

通用性和适应性是机器人的两个主要特点：

1. 通用性

通用性指的是执行不同的功能和完成多样的简单任务的实际能力，机器人的通用性取决于它的几何特性和机械能力。通用性也意味着，机器人具有可变的几何结构，即根据生产工作需要进行变更的几何结构，也可以认为，在机械结构上允许机器人执行不同的任务或以不同的方式完成同一工作。现在市场上的机器人一般都具有不同程度的通用性。增加自由度可以提高通用性，但也不是由自由度这一项来决定的，还要考虑其他关联因素。

2. 适应性

机器人的适应性是指它对环境的自适应能力，即所设计的机器人是否能够自我执行未经完全指定的任务，而不管任务执行过程中所发生的没有预计到的环境变化。这一能力要求机器人认识其工作的环境，即具有人工知觉，具体包括以下几方面能力：

1）分析任务所处的空间和对执行操作进行规划的能力。

2）运用传感器测试周围环境的能力。

3）具备自动指令模式。

2.1.2　机器人系统的基本组成

机器人系统包括机器人机械系统、驱动系统、控制系统和感知系统 4 大部分，它们之间的关系如图 2-1 所示。

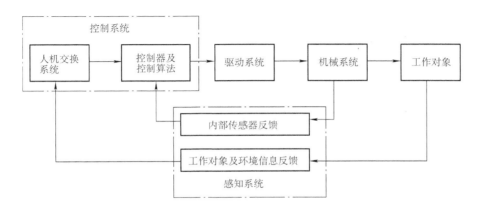

图 2-1　机器人系统组成

1. 机械系统

机器人的机械系统由机身、手臂、腕部、末端操作器（手部）和行走机构组成，每一部分都有若干自由度，构成一个多自由度的机械系统。机器人按机械结构划分可分为直角坐标型机器人、圆柱坐标型机器人、球坐标型机器人、关节型机器人以及移动型机器人。机器人若具备行走机构，则构成行走机器人；机器人若不具备行走机构，则构成单机器人手臂。

如图 2-2 所示，为空间通用关节工业机器人的执行部分，它由多个连杆机构组成。设计者的意图是模仿人臂的基本运动。

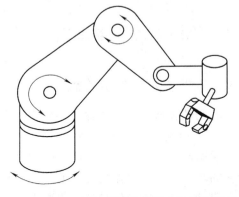

图 2-2　空间通用关节工业机器人的执行部分

2. 驱动系统

驱动系统是向机械系统提供动力的装置。采用的动力源不同，驱动系统的传动方式也不同。驱动系统的传动方式主要有 4 种：液压式、气压式、电气式和机械式。电力驱动是目前使用最多的一种驱动方式，其特点是电源取用方便，响应快，驱动力大，信号检测、传递、处理方便，并可以采用多种灵活的控制方式，电动机一般采用步进电动机或伺服电动机，目前有的也采用直接驱动电动机，但是造价较高，控制也较为复杂，和电动机相配的减速器一般采用谐波减速器、摆线针轮减速器或者行星齿轮减速器。

3. 控制系统

控制系统的任务是根据机器人的作业指令以及从传感器反馈回来的信号，支配机器人的执行机构去完成规定的运动和功能。如果机器人不具备信息反馈特征，则为开环控制系统；具备信息反馈特征，则为闭环控制系统。根据控制原理可分为程序控制系统、适应性控制系统和人工智能控制系统。根据控制运动的形式可分为点位控制和连续轨迹控制。

4. 感知系统

感知系统由内部传感器模块和外部传感器模块组成，获取内部和外部环境中有用的信息。智能传感器的使用提高了机器人的机动性、适应性和智能化水平。人类的感受系统对感知外部世界信息是极其巧妙的，然而对于一些特殊的信息，传感器比人类的感受系统更有效。

2.2　机器人主要技术参数

2.2.1　机器人的自由度及其选择

1. 机器人自由度定义

机器人的自由度是指当确定机器人手部在空间的位置和姿态时所需的独立运动参数的数目，不包括手部开合自由度。在三维空间中描述一个物体的位置和姿态需要 6 个自由度，但自由度数目越多，机器人结构就越复杂，控制就越困难，所以目前机器人常用的自由度数目一般不超过 7 个。

自由度是机器人的一个重要技术指标，它是由机器人的结构决定的，并直接影响到机器人的机动性。

2. 机器人自由度的选择

（1）一般自由度的选择

机器人的自由度是根据机器人的用途来设计的，人们希望机器人能以准确的方位把它的末端执行部件或与它连接的工具移动到指定点。如果机器人的用途是未知的，那么它应当具有 6 个自由度；机器人自由度数目越多，动作越灵活，通用性越强，但是结构则更复杂，刚性也差；如果工具本身具有某种特别结构，那么就可能不需要 6 个自由度。例如，要把一个物体放到空间上某个给定位置，有 3 个自由度就足够了，如图 2-3 所示。又例如，要对具有旋转功能的钻头进行定位与定向，就需要 5 个自由度；这个钻头可表示为某个绕着它的主轴旋转的圆柱体，如图 2-4 所示。

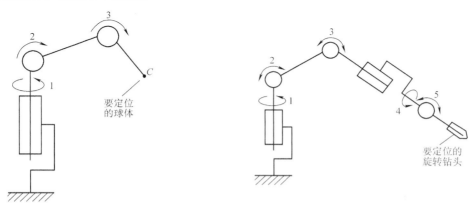

图 2-3 三自由度机器人   图 2-4 五自由度机器人

（2）冗余自由度

机器人的自由度多于为完成任务所必需的自由度时，多余的自由度称为冗余自由度。设置冗余自由度，主要是使机器人具有一定的避障能力。

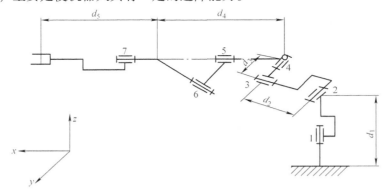

图 2-5 手臂型七自由度关节式机器人

从理论上讲，具有 6 个自由度的机器人在其工作空间内可达到任意位置和姿态，但由于奇异位形存在，一些关节运动到相应位置时，会使机器人自由度退化，失去一个或几个自由度；再加上在工作空间可能存在障碍，机器人就无法满足工作要求。具有冗余自由度的机器人就有能够克服奇异位形、避开障碍、克服关节运动限制和改善动态特性的功能，它能充分提高机器人的工作能力，在运动和动态性能方面具有无可比拟的优越性。如图 2-5 所示，为手臂型七自由度关节式机器人。

2.2.2 机器人工作空间

工作空间表示机器人的工作范围，它是机器人末端上参考点所能达到的所有空间区域。由于末端执行器的形状尺寸是多种多样的，因此为真实反映机器人的特征参数，工作空间是指不安装末端执行器时的工作区域。

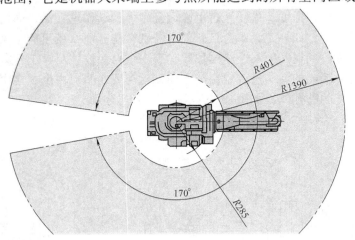

每个机器人的工作空间形状都与机器人的特性指标密切相关。一般情况下，工作空间是通过列写数学方程来确定的。这些方程规定了机器人连杆和关节的约束条件，而这些约束条件则确定每个关节的运动范围。如果数学方程不容易列出，

图 2-6　MOTOMAN-EA1900N 弧焊专用机器人工作范围（一）

也可以凭经验确定每一个关节的运动范围，然后将所有关节可到达的区域连接起来，再去除机器人无法到达的区域。MOTOMAN-EA1900N 弧焊专用机器人，属于垂直多关节型机器人。图 2-6、图 2-7 为此种机器人的工作范围。

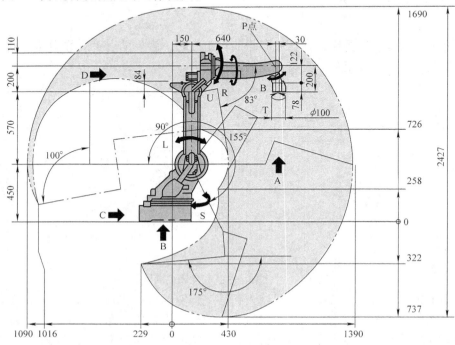

图 2-7　MOTOMAN-EA1900N 弧焊专用机器人工作范围（二）

2. 2. 3　机器人的额定速度和承载能力

1. 额定速度

机器人在保持运动平稳性和位置精度的前提下所能达到的最大速度称为额定速度。其某一关节运动的速度称为单轴速度，由各轴速度分量合成的速度称为合成速度。

机器人在额定速度和规定性能范围内，末端执行器所能承受负载的允许值称为额定负载。在限制作业条件下，为了保证机械结构不损坏，末端执行器所能承受负载的最大值称为极限负载。

对于结构固定的机器人，其最大行程为定值，因此额定速度越高，运动循环时间越短，工作效率也越高。而机器人每个关节的运动过程一般包括启动加速、匀速运动和减速制动三个阶段。如果机器人负载过大，则会产生较大的加速度，造成启动、制动阶段时间增长，从而影响机器人的工作效率。对此，就要根据实际工作周期来平衡机器人的额定速度。

2. 承载能力

承载能力是指机器人在工作范围内的任何位姿上所能承受的最大重量，通常可以用质量、力矩或惯性矩来表示。承载能力不仅取决于负载的质量，而且与机器人运行的速度和加速度的大小和方向有关。一般低速运行时，承载能力强。为安全考虑，将承载能力这个指标确定为高速运行时的承载能力。通常，承载能力不仅指负载质量，还包括机器人末端操作器的质量。

2. 2. 4　机器人的分辨率和精度

1. 分辨率

机器人的分辨率由系统设计检测参数决定，并受到位置反馈检测单元性能的影响。分辨率可分为编程分辨率与控制分辨率。编程分辨率是指程序中可以设定的最小距离单位，又称为基准分辨率。控制分辨率是位置反馈回路能检测到的最小位移量。当编程分辨率与控制分辨率相等时，系统性能达到最高。

2. 精度

机器人的精度主要体现在定位精度和重复定位精度两个方面。

1）定位精度　是指机器人末端操作器的实际位置与目标位置之间的偏差，由机械误差、控制算法误差与系统分辨率等部分组成。

2）重复定位精度　是指在相同环境、相同条件、相同目标动作、相同命令的条件下，机器人连续重复运动若干次时，其位置会在一个平均值附近变化，变化的幅度代表重复定位精度，是关于精度的一个统计数据。因重复定位精度不受工作载荷变化的影响，所以通常用重复定位精度这个指标作为衡量示教再现型工业机器人水平的重要指标。

如图 2-8 所示，为重复定位精度的几种典型情况：图 a 为重复定位精度的测定；图 b 为合理的定位精度，良好的重复定位精度；图 c 为良好的定位精度，很差的重复定位精度；图 d 为很差的定位精度，良好的重复定位精度。

2. 2. 5　典型机器人的技术参数

图 2-9 所示为 MOTOMAN-EA1900N 弧焊专用机器人，其各项技术参数见表 2-1。

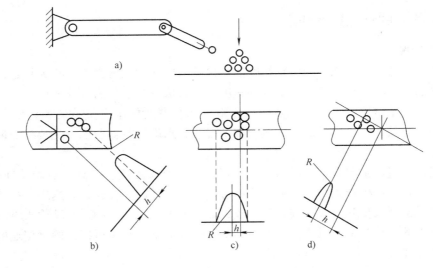

图 2-8　重复定位精度的典型情况

图 2-9　MOTOMAN-EA1900N 弧焊专用机器人

表 2-1　MOTOMAN-EA1900N 弧焊专用机器人各项技术参数

型号	MOTOMAN-EA1900N		型号	MOTOMAN-EA1900N
类型	YR-EA1900N-A00		S 轴（回转）	±180°
控制轴数	6（垂直多关节型）	最大动	L 轴（下臂）	+155° ～ -110°
负载	3kg	作范围	U 轴（上臂）	+255° ～ -165°
重复定位精度[①]	±0.08mm		R 轴（腕部扭转）	±150°

（续）

型号		MOTOMAN-EA1900N	型号		MOTOMAN-EA1900N
最大动作范围	B 轴（腕部俯仰）	+180°～-45°	许用转动惯量（$GD^2/4$）	R 轴（腕部扭转）	0.27kg·m²
	T 轴（腕部回转）	±200°		B 轴（腕部俯仰）	0.27kg·m²
最大动作速度	S 轴（回转）	2.96rad/s,170°/s		T 轴（腕部回转）	0.03kg·m²
	L 轴（下臂）	2.96rad/s,170°/s	重量		280kg
	U 轴（上臂）	3.05rad/s,175°/s	环境条件	温度	0℃～+45℃
	R 轴（腕部扭转）	5.93rad/s,340°/s		湿度	20%～80%RH(不结露)
	B 轴（腕部俯仰）	5.93rad/s,340°/s		振动	小于 4.9m/s²
	T 轴（腕部回转）	9.08rad/s,520°/s		其他	·远离腐蚀性气体或液体、易燃气体 ·保持环境干燥、清洁 ·远离电气噪声源（等离子）
许用扭矩	R 轴（腕部扭转）	8.8N·m			
	B 轴（腕部俯仰）	8.8N·m	动力电源容量②		2.8kV·A
	T 轴（腕部回转）	2.9N·m			

注：图中采用 SI 单位标注。

① 重复定位精度符合标准 JIS B 8432。

② 动力电源容量根据不同的应用及动作模式而有所不同。

2.3　工业机器人机械结构及应用

2.3.1　工业机器人分类

1. 按坐标形式分

按坐标形式分类，工业机器人可分为直角坐标式（PPP）、圆柱坐标式（RPP）、球坐标式（RRP）、关节坐标式（RRR）（又称回转坐标式）。关节坐标式又分为垂直关节坐标和平面（水平）关节坐标两种。

2. 按控制方式分

按控制方式分类，工业机器人可分为点位控制和连续轨迹控制。点位控制方式简单，适用于上下料、点焊、卸运等作业。连续轨迹控制比较复杂，常用于焊接、喷漆和检测的机器人。

3. 按驱动方式分

按驱动方式分类，工业机器人可分为电力驱动、液压驱动和气压驱动。电力驱动的驱动元件可以是步进电动机、直流伺服电动机和交流伺服电动机。液压驱动可以获得很大的抓取能力抓取力高达上千牛，传动平稳，防爆性好，动作也较灵敏，但对密封性要求高，不宜于在高、低温现场工作，需配备一套液压系统。采用气压驱动的机器人结构简单、动作迅速、价格低，但由于空气可压缩而使工作速度稳定性差，抓取力小。

4. 按编程方式分

按编程方式分类，工业机器人可分为示教编程和语言编程两种编程方式。示教编程又分为手把手示教编程和示教盒示教编程，适用于重复操作型、所面对的作业任务比较简单的机器人。语言编程方式适用于动作复杂，操作精度要求高的工业机器人（如装配机器人）。

5. 按机器人的负荷和工作空间分

按机器人的负荷和工作空间分类,工业机器人可分为以下 4 类。

1) 大型机器人:负荷为 1 ~ 10kN,工作空间为 10m³ 以上。

2) 中型机器人:负荷为 100 ~ 1000N,工作空间为 1 ~ 10m³。

3) 小型机器人:负荷为 1 ~ 100N,工作空间为 0.1 ~ 1m³。

4) 超小型机器人:负荷小于 1N,工作空间小于 0.1m³。

以上机器人的"负荷"是指在机器人的规定性能条件下,机器人所能搬运的重量,包括机器人末端执行器的重量。

6. 按机器人具有的运动自由度分

工业机器人的自由度一般为 2 ~ 7 个,简易型机器人为 2 ~ 4 个自由度,复杂型机器人为 5 ~ 7 个自由度。自由度越多,机器人的"柔性"越大,但结构和控制也就越复杂,并非越多越好。

7. 按使用范围分

按使用范围分类,工业机器人可分为可编程序的通用机器人和固定程序专用机器人。可编程序的通用机器人,其工作程序可以改变,通用性强,适用于多品种、中小批量的生产系统中;固定程序专用机器人,根据工作要求设计成固定程序,多采用液动或气动驱动,结构比较简单。

2.3.2　工业机器人机械机构

一般工业机器人都由机身(也称立柱)、臂部(包括大臂和小臂)、手腕和手部几部分组成,如果是可移动的工业机器人,还额外需要移动机构。

图 2-10 所示为工业机器人的基本构成。

图 2-11 所示为工业机器人臂部、腕部和手部的结构示意图。

1. 机身

机身主要起支撑作用,是工业机器人的基础部分,固定式工业机器人的机身直接连接在地面上或平台上,移动式工业机器人的机身则是安装在移动机构上。

2. 臂部

臂部(包括小臂和大臂)是工业机器人机构的主要部分,称为主体机构,其作用是支撑腕部和手部,并带动它们使手部中心点按一定的运动轨迹,由某一位置运动到达另一指定位置。

(1) 工业机器人臂部的特点

工业机器人的臂部一般有 2 ~ 3 个自由度,为伸缩、回转、俯仰或升降。

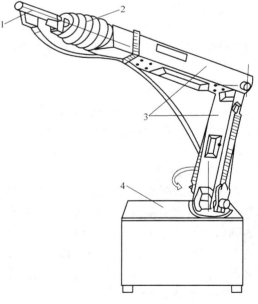

图 2-10　工业机器人基本构成

1—机器人手部　2—机器人腕部　3—机器人手臂　4—机器人机身

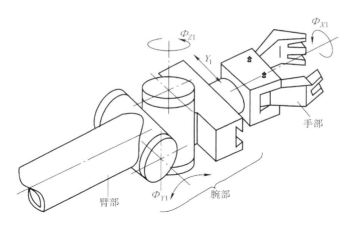

图 2-11　机器人臂部、腕部和手部结构示意图

1）专用机械手的臂部一般有 1～2 个自由度，为伸缩、回转或直行。

2）臂部的总重量较大，受力一般比较复杂，在运动时，直接承受腕部、手部和工件（或工具）的静、动载荷，特别是高速运动时，将产生较大的惯性力（或惯性矩），引起冲击，影响定位的准确性。臂部运动部分零部件的重量直接影响着臂部结构的刚度和强度。

3）工业机器人的臂部一般与控制系统和驱动系统一起安装在机身（即机座）上，机身可以是固定式的，也可以是行走式的，即可沿地面或导轨运动。

（2）工业机器人臂部的设计要求

臂部的结构形式必须根据机器人的运动形式、抓取动作自由度、运动精度等因素来确定。同时，设计时必须考虑到手臂的受力情况，液（气）压缸及导向装置的布置、内部管路与手腕的连接形式等因素。所以设计臂部时要注意以下要求：

1）刚度要大，要有足够的承载能力：手臂部分在工作中，相当于一个悬臂梁，如果刚度差，会引起其在垂直面内的弯曲变形和侧向扭曲变形，导致臂部产生颤动，影响手臂在工作中允许承受的载荷大小、运动平稳性、运动速度和定位精度等。所以，手臂的截面形状要合理。一般工字形截面弯曲刚度比圆截面大，空心轴的弯曲刚度和扭转刚度都比实心轴的大很多。所以，一般用空心轴作臂杆和导向杆，用工字钢和槽钢作支撑板。

2）导向性要好：为防止手臂在直线移动过程中发生相对转动，保证手部的方向正确，应设置导向装置或设计方形、花键等形式的臂杆。

导向装置的具体结构形式可根据载荷大小、手臂长度、行程以及手臂的安装形式等因素来决定。

3）重量和转动惯量要小：为提高机器人的运动速度，要尽量减轻臂部运动部分的重量，以减小整个手臂对回转轴的转动惯量。

4）运动要平稳，定位精度要高：运动平稳性和重复定位精度是衡量机器人性能的重要指标。由于臂部运动速度越高，重量越大，惯性力引起的定位前的冲击就越大，会造成运动的不平稳，定位精度不高。所以应尽量减小臂部运动部分的重量，使结构紧凑，重量轻，同时还要采取一定形式的缓冲措施。

工业机器人常用的缓冲装置有弹性缓冲原件、液（气）压缸端部缓冲装置、缓冲回路和液压缓冲器等。

3. 腕部

腕部是连接臂部和手部的部件，其作用主要是改变和调整手部在空间的方位，从而使手爪中所握持的工具或工件取得某一指定的姿态。腕部有独立的自由度，以满足机器人手部完成复杂的姿态。

例如，设想用机器人的手部夹持一个螺钉对准螺孔拧入，首先必须使螺钉前端到达螺孔入口位置，然后必须使螺钉的轴线对准螺孔的轴线，使轴线相重合拧入，这就需要调整螺钉的方位角。前者即为手部的位置，后者即为手部的姿态。

腕部所需要的自由度数目可根据机器人的工作性能要求来确定。为了使手部能处于空间任意方向，要求腕部能实现对空间 3 个坐标轴 X、Y、Z 的转动，即具有回转、俯仰和摆动 3 个自由度，如图 2-12d 所示。

1）回转：使手部绕自身的轴线 Z 旋转，如图 2-12a 所示。

2）俯仰：使手部绕与臂垂直的水平轴 Y 旋转，如图 2-12b 所示。

3）摆动：使手部绕与臂垂直的垂直轴 X 旋转，如图 2-12c 所示。

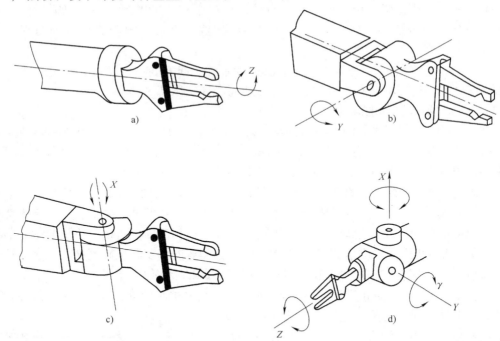

图 2-12　手腕自由度

腕部设计时需要注意以下几点：

1）结构尽量紧凑，重量尽量轻。

2）转动灵活，密封性好。

3）注意腕部与手部臂部的连接以及各个自由度的位置检测、管线布置以及润滑、维修和调整问题。

图 2-13 所示为常用的腕部组合方式。其中，图 2-13a 为臂转、腕摆、手转结构；图 2-13b 为臂转、双腕摆、手转结构。

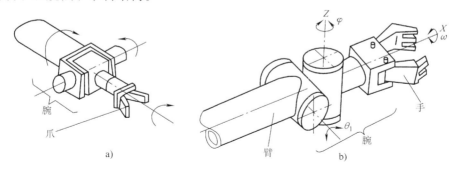

图 2-13　常用手腕组合方式

4. 手部

工业机器人的手部是用来抓持物件的机构，故又称为抓取机构，或称为夹持器。手部的结构形式很多，大部分是按工作要求和物件形状而特定设计的，其自由度根据需要而定。如简单夹持器只有一个自由度，使两手指能开合即可。若要模拟人手五指的运动，不是一般机器人技术所能实现的。

常用的手部按抓持物件的方式可分为夹持类和吸附类。夹持类手部又可细分为夹钳式、勾托式、弹簧式等；吸附类手部又可分为气吸式和磁吸式等。

除了以上所述的手部夹持器常用类型外，对于一些较大的物件还采用某些平面机构式的夹持器。如图 2-14 所示为滑槽杠杆式手部结构示意图，它采用左右对称结构，输入构件 1 上固联一圆柱销 2，该圆柱销可在输出构件 3 的槽内作相对滑动，输出构件 3 绕 O_3 轴的摆动，实现了手爪的开合运动。

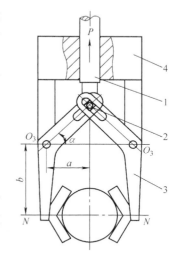

图 2-14　滑槽杠杆式
手部结构示意图
1—拉杆　2—圆柱销
3—钳爪　4—手架

工业机器人手部的特点：

1）手部和腕部连接处可拆卸，手部和腕部有机械接口，也可以有电、气、液接头，当工业机器人作业对象不同时，可以方便拆卸和更换手部。

2）手部是工业机器人的末端操作器。它可以像人的手指一样，也可以不具备手指；可以使用类人的手爪，也可以使用作业工具，如焊接工具等。

3）手部通用性较差。工业机器人的手部通常是专用装置，一种手爪一般只能抓握一种或几种在形状、重量、尺寸等方面相近的工件，只能执行一种作业任务。

4）手部是一个独立的部件，它是决定工业机器人作业完成好坏、作业柔性好坏的关键部件之一。

5. 移动机构

大多数工业机器人是固定式的，还有少部分可以沿着固定轨道移动。但随着工业机器人应用范围的不断扩大，以及海洋开发、原子能工业及航空航天等领域的不断发展，具有一定智能的可移动机器人将是未来机器人的发展方向之一，并会得到广泛应用。

工业机器人的移动机构，可以根据工作任务的要求，带着机器人在一定范围内运动。移动机构是移动式机器人的重要部件，它由移动驱动装置、传动机构、位置检测元件、传感器、电缆及管路等组成。

移动机构一般有轮式移动机构、履带式移动机构和足式移动机构，还有步进式移动机构、蠕动式移动机构、蛇行式移动机构和混合式移动机构等。一般室内的工业机器人多采用轮式移动机构；室外的工业机器人为适应野外环境，多采用履带式移动机构。一些仿生机器人，通常模仿某种生物的运动方式而采用相应的移动机构。其中，轮式移动机构效率最高，但适应能力相对较差；而腿式移动机构适应能力强，但其效率最低。

（1）轮式移动机构

车轮式行走机器人通常有三轮、四轮、六轮之分。它们或有驱动轮和自位轮，或有驱动轮和转向机构，用来转弯。轮式行走机器人是机器人中应用最多的一种机器人，不能跨越高度，不能爬楼梯。在相对平坦的地面上，用车轮移动方式行走是相当优越的。

1）车轮形式：车轮的形状或结构形式取决于地面的性质和车辆的承载能力。图 2-15 所示为不同的车轮形式。

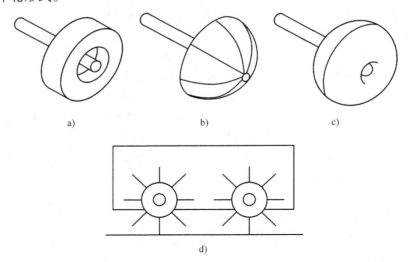

图 2-15　车轮形式

a）传统车轮　b）半球形轮　c）充气球轮　d）无缘轮

2）车轮的配置和转向机构：图 2-16 所示为三轮车轮的配置和转向机构。其中，图 2-16a 为后轮用两轮独立驱动，前轮为小脚轮构成辅助轮；图 2-16b 为前轮驱动和转向，两后轮为从动轮；图 2-16c 为后轮通过差动齿轮驱动，前轮转向。

（2）履带式移动机构

履带式移动机构适合于未加工的天然路面行走，它是轮式行走机构的拓展，履带本身起着给车轮连续铺路的作用。

1）履带行走机构与轮式行走机构相比，有如下特点：

①支承面积大，接地比压小。适合于松软或泥泞场地进行作业，下陷度小，滚动阻力小。

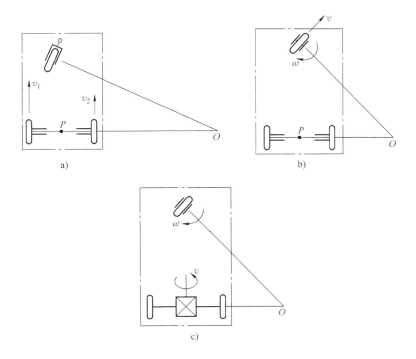

图 2-16　三轮车轮配置方式

②越野机动性好，爬坡、越沟等性能均优于轮式行走机构。

③履带支承面上有履齿，不易打滑，牵引附着性能好，有利于发挥较大的牵引力。

④结构复杂，重量大，运动惯性大，减振功能差，零件易损坏。

图 2-17 所示为 DG—X3B 单兵反恐机器人下台阶。

2）特殊的履带移动机构包括形状可变履带机器人和位置可变履带机器人

①形状可变履带机器人是指该机器人所用履带的构形可以根据地形条件和作业要求进行适当变化。图 2-18 所示为一种形状可变履带机器人的外形示意图。该机器人的主体部分是两条形状可变的履带，分别由两个主电动机驱动。当两条履带的速度相同时，机器人实现前进或后退移动；当两条履带的速度不同时，机器人实现转

图 2-17　DG—X3B 单兵反恐机器人下台阶

向运动。当主臂杆绕履带架上的轴旋转时，带动行星轮转动，从而实现履带的不同构形，以适应不同的运动和作业环境。图 2-19a 所示为越障；图 2-19b 所示为上下台阶。

②位置可变履带机器人是指履带相对于车体的位置可以发生变化的履带式机器人。这种位置的改变既可以是一个自由度的，也可以是两个自由度的。图 2-20 所示为一种二自由度变位履带机器人，各履带能够绕车体的水平轴线和垂直轴线偏转，从而改变机器人的整体构形。

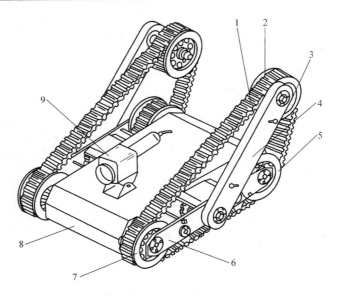

图 2-18　形状可变履带机器人的外形示意图
1—履带　2—行星轮　3—曲柄　4—主臂杆　5—导向轮
6—履带架　7—驱动轮　8—机体　9—电视摄像机

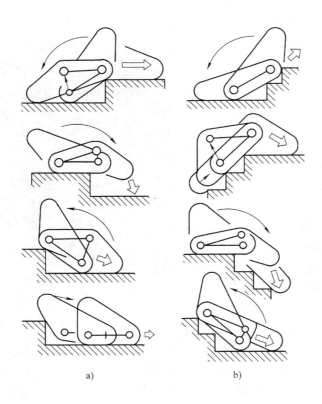

a)　　　　　　　　　　　b)

图 2-19　履带变形情况和适用场合

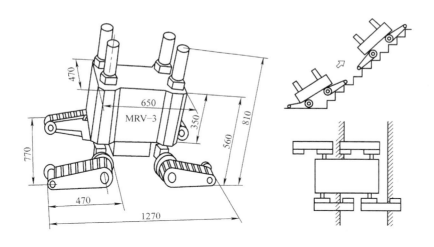

图 2-20　二自由度变位履带机器人

（3）足式移动机构

足式行走对崎岖路面具有很好的适应能力，足式运动方式的立足点是离散的点，可以在可能到达的地面上选择最优的支撑点，而轮式和履带行走工具必须面临最坏的地形上的几乎所有点；足式运动方式还具有主动隔振能力，尽管地面高低不平，机身的运动仍然可以相当平稳；足式行走在不平地面和松软地面上的运动速度较高，能耗较少。

如图 2-21 所示，为足式移动机器人的几种形式，一般有单足、两足、三足、四足和六足等。足的数目越多，承载能力越强，但运动速度越慢。双足和四足具有最好的适应性和灵活性，最接近人类和动物。

2.3.3　工业机器人的应用范围

工业机器人是可以部分或完全代替人工操作的最大化装置，目前随着工业机器人技术的不断发展，它的使用范围也越来越广泛。广泛采用工业机器人，不仅可提高产品的质量与数量，而且对保障人身安全、改善劳动环境、减轻劳动强度、提高劳动生产率、节约材料消耗以及降低生产成本有着十分重要的意义。

1. 在工业生产中的应用

工业机器人在工业生产中的应用主要是焊接、喷涂、搬运、装配等。

1）焊接：焊接机器人主要是点焊机器人和弧焊机器人，其应用主要集中在汽车、摩托车、工程机械、铁路机车等几个主要行业。

2）喷涂：喷涂机器人广泛应用于汽车车体、家电产品和各种塑料制品的喷涂作业。

3）搬运：搬运机器人主要应用于工厂中一些工序的上下料作业、柴垛和码垛作业等，这类机器人精度相对低一些，但负荷比较大，速度比较高。

4）装配：装配机器人主要应用于各种电器制造（包括家用电器，如电视机、录音机、洗衣机、电冰箱、吸尘器）、小型电机、汽车及其部件、计算机、玩具、机电产品及其组件的装配等方面。

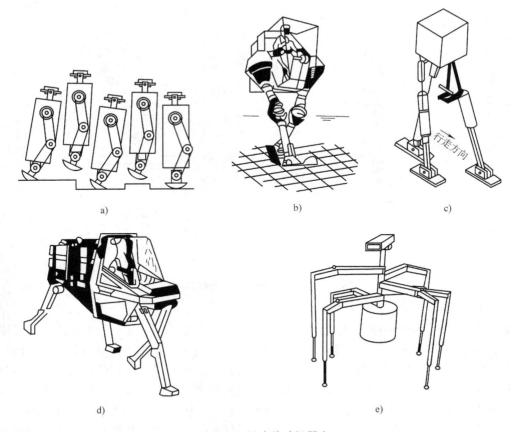

图 2-21　足式移动机器人

a）单足跳跃机器人　b）双足机器人　c）三足机器人　d）四足机器人　e）六足机器人

5）自动化加工：如机械手自动换刀装置、柔性生产系统（FMS）和计算机集成制造系统（CIMS）等。

2. 在恶劣生产条件下的应用

1）海洋探测：丰富的海洋资源，因许多条件的限制，人类无法探测，因此科学家研制了水下机器人，可以完成水下作业。

2）太空探测：如探测火星的无人太空船上的应用。

3）恶劣环境：如污浊、低温、救火、爆炸等环境下的应用。

4）有害环境：如在有毒气体、放射性污染、高压电场等环境下的应用。

2.3.4　工业机器人的发展趋势

1. 国外的发展趋势

各发达国家政府都通过制定政策，采取一系列措施鼓励企业应用机器人，设立科研基金鼓励机器人的研发设计，从政策上、资金上给予大力支持。世界工业机器人市场普遍被看好，各国都在期待机器人的应用研究有技术上的突破。从近几年世界机器人推出的产品来看，工业机器人技术正在向智能化、模块化和系统化方向发展，其发展趋势为：结构的模块化和可重构化；控制技术的开放化、PC化和网络化；伺服驱动技术的数字化和分散化；多传感器融合技术的实用化；工作环境设计的优化和作业的柔性化以及系统的网络化和智能化等方面。具体如下面几点：

1）工业机器人性能不断提高（高速度、高精度、高可靠性、便于操作和维修），而单机价格不断下降。

2）机械结构向模块化、可重构化发展。例如关节模块中的伺服电动机、减速机、检测系统三位一体化；由关节模块、连杆模块用重组方式构造机器人。

3）工业机器人控制系统向基于 PC 的开放型控制器方向发展，便于标准化、网络化；器件集成度提高，控制柜日渐小巧，采用模块化结构，大大提高了系统的可靠性、易操作性和可维修性。

4）机器人中的传感器作用日益重要，除采用传统的位置、速度、加速度等传感器外，视觉、力觉、声觉、触觉等多传感器的融合技术在产品化系统中已有成熟应用。

5）机器人化的机械装置开始兴起。从 20 世纪 90 年代美国开发出"虚拟轴机床"以来这种新型装置已成为国际研究的热点之一，纷纷探索开拓其实际应用的领域。

6）虚拟现实技术在机器人中的作用已从仿真、预演发展到用于过程控制，如使遥控机器人操作者产生置身于远端作业环境中的感觉来操纵机器人。

7）当代遥控机器人系统的发展特点不是追求全自主系统（根据预先设定的各项参数信息，自主启动并完成任务），而是致力于操作者与机器人的人机交互控制，即遥控加局部自主系统构成完整的监控遥控操作系统，使智能机器人走出实验室进入实用化阶段。美国发射到火星上的"索杰纳"机器人就是这种系统成功应用的最著名实例。

2. 国内的发展趋势

我国的工业机器人从 20 世纪 80 年代"七五"科技攻关开始起步，经过几十年的努力，已经形成了一些具有竞争力的工业机器人的研究机构和企业，先后研发出弧焊、点焊、装配、搬运、注塑、冲压、喷漆等工业机器人。2012 年，4 种新型工业机器人在中国哈尔滨研制成功。专家们认为这标志着我国已经掌握了第一代工业机器人的生产技术，新的机器人产业已经在我国诞生。我国未来将发展以工业机器人为代表的智能制造，以高端装备制造业重大产业长期发展工程为平台和载体，系统推进智能技术、智能装备和数字制造的协调发展，实现我国高端装备制造的重大跨越，具体分两步进行：第一步，2012—2020 年，基本普及数控化，在若干领域实现智能制造装备产业化，为我国制造模式转变奠定基础；第二步，2021—2030 年，全面实现数字化，在主要领域全面推行智能制造模式，基本形成高端制造业的国际竞争优势。

2.4　机器人的位姿问题

机器人的位姿主要是指机器人手部在空间的位置和姿态。机器人的位姿问题包含两方面问题。

1. 正向运动学问题

当给定机器人机构各关节运动变量和构件尺寸参数后，如何确定机器人机构末端手部的位置和姿态。这类问题通常称为机器人机构的正向运动学问题。

2. 反向运动学问题

当给定机器人手部在基准坐标系中的空间位置和姿态参数后,如何确定各关节的运动变量和各构件的尺寸参数。这类问题通常称为机器人机构的反向运动学问题。

通常正向运动学问题用于对机器人进行运动分析和运动效果的检验;而反向运动学问题与机器人的设计和控制有密切关系。

2.4.1　机器人坐标系

机器人的各种坐标系都由正交的右手定则来决定,如图 2-22 所示。

当围绕平行于 X、Y、Z 轴线的各轴转动时,分别定义为 A、B、C。A、B、C 的正方向分别以 X、Y、Z 的正方向上右手螺旋前进的方向为正方向(如图 2-23 所示)。

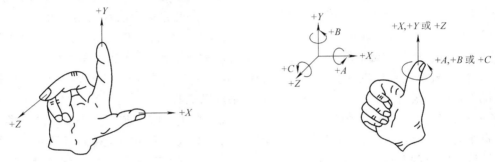

图 2-22　右手坐标系　　　　　　　　　　　图 2-23　转动坐标系

1. 全局坐标系

全局参考坐标系是一种通用的坐标系,由 X,Y 和 Z 轴所定义。其中机器人的所有运动都是通过沿三个主轴方向的同时运动产生的。这种坐标系下,不管机器人处于何种位姿,运动均由三个坐标轴表示而成。这一坐标系通常用来定义机器人相对于其他物体的运动、与机器人通信的其他部件以及机器人的运动路径。

2. 关节坐标系

关节参考坐标系是用来表示机器人每一个独立关节运动的坐标系。机器人的所有运动都可以分解为各个关节单独的运动,这样每个关节可以单独控制,每个关节的运动可以用单独的关节参考坐标系表示。

3. 工具坐标系

工具参考坐标系是用来描述机器人末端执行器相对于固连在末端执行器上的坐标系的运动。由于本地坐标系是随着机器人一起运动的,从而工具坐标系是一个活动的坐标系,它随着机器人的运动而不断改变,因此工具坐标系所表示的运动也不相同,这取决于机器人手臂的位置以及工具坐标系的姿态。

如图 2-24 所示为 3 种坐标系示意图。

2.4.2　圆柱坐标式主体机构位姿问题举例

1. 正向运动学问题求解

图 2-25 所示为圆柱坐标式主体机构的组成示意图。构件 2 与机座 1 组成圆柱副,构件 2

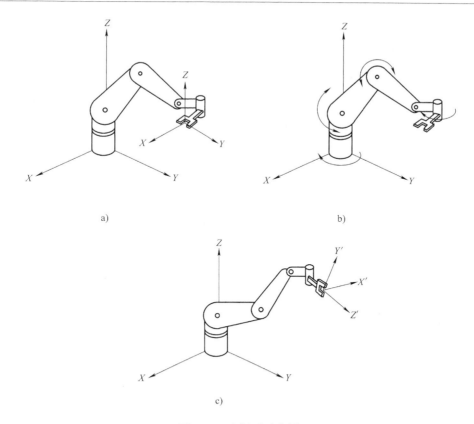

a)

b)

c)

图 2-24　坐标系示意图

a）全局参考坐标系　b）关节坐标系　c）工具坐标系

相对构件 1 可以输入转动 θ 和移动 h；构件 3 与构件 2 组成移动副，构件 3 相对构件 2 只可输入一个移动 r。

3 个输入变量为

1）转角 θ，从 X 轴开始度量，对着 Z 轴观察逆时针转向为正。

2）位移 h，从坐标原点沿 Z 轴度量。

3）位移 r，手部中心点 P 至 Z 轴的距离。

确定手部中心点 P 在基准坐标系中相应的位置坐标 x_P、y_P、z_P。由图 2-18 中的几何关系可得

$$x_P = r\cos\theta$$

$$y_P = r\sin\theta$$

$$z_P = h$$

用列矩阵表示为 $\begin{pmatrix} x_P \\ y_P \\ z_P \end{pmatrix} = \begin{pmatrix} r\cos\theta \\ r\sin\theta \\ h \end{pmatrix}$ 　　(2-1)

将给定的 θ、h、r 3 个变量瞬时值代入式 (2-1)，即可解出 x_P、y_P、z_P，从而确定了手部中

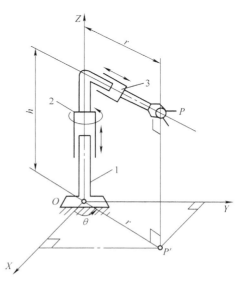

图 2-25　圆柱坐标式主体机构的组成示意图

心点 P 的瞬时空间位置。

2. 反向运动学问题求解

给定手部中心点 P 在空间的点位置 x_P、y_P、z_P，确定应输入的关节变量 θ、h、r 各值。为求逆解，可联立式（2-1）中前两式，得

$$\theta = \arctan \frac{y_P}{x_P} \tag{2-2}$$

再将式（2-2）代回式（2-1）可得

而

$$\left. \begin{array}{c} r = \dfrac{x_P}{\cos\theta} = \dfrac{y_P}{\sin\theta} \\ h = z_P \end{array} \right\} \tag{2-3}$$

将给定的 x_P、y_P、z_P 值代入式（2-2）和式（2-3），即可解出应输入的关节变量 θ、r 和 h。

2.4.3　球坐标式主体机构位姿问题举例

图 2-26 所示为球坐标式主体机构的组成示意图。立柱 2 与机座 1 和构件 3 分别组成转动副，因此立柱 2 相对机座 1、构件 3 相对立柱 2 分别可输入一个转动（θ, φ）；构件 4 与构件 3 组成移动副，构件 4 相对构件 3 可输入一个移动 r。

1. 正向运动学问题求解

三个输入变量为

1）转角 θ，从 X 轴开始度量，对着 Z 轴观察逆时针转向为正。

2）转角 φ，从平行于 OXY 平面内开始度量，朝 Z 轴正方向转动为正。

3）位移 r，手部中心点 P 至转动中心 A 的距离。

确定手部中心点 P 在基准坐标系中相应的位置坐标 x_P、y_P、z_P。由图 2-26 中的几何关系可得

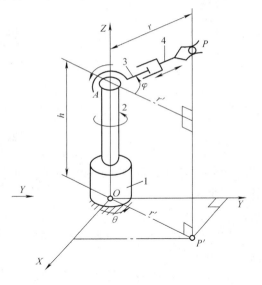

图 2-26　球坐标式主体机构的组成示意图

$$\left. \begin{array}{c} x_P = r'\cos\theta = r\cos\varphi\cos\theta \\ y_P = r'\sin\theta = r\cos\varphi\sin\theta \\ z_P = h + r\sin\varphi \end{array} \right\} \tag{2-4}$$

式中的 h 为已知的立柱长度尺寸，用列矩阵表示为

$$\begin{pmatrix} x_P \\ y_P \\ z_P \end{pmatrix} = \begin{pmatrix} r\cos\varphi\cos\theta \\ r\cos\varphi\sin\theta \\ h + r\sin\varphi \end{pmatrix} \tag{2-5}$$

将给定的 θ、φ、r 三个变量瞬时值代入式（2-4），即可解出 x_P、y_P、z_P，从而确定了手

部中心点 P 的瞬时空间位置。

2. 反向运动学问题求解

给定手部中心点 P 在空间的点位置 x_P、y_P、z_P，确定应输入的关节变量 θ、φ、r 各值。由图 2-27 中的几何关系可得

$$\left.\begin{aligned} r &= \sqrt{x_P^2 + y_P^2 + (z_P - h)^2} \\ \tan\theta &= \frac{y_P}{x_P} \quad \theta = \arctan\frac{y_P}{x_P} \\ \tan\varphi &= \frac{z_P - h}{r'} \quad r' = \sqrt{x_P^2 + y_P^2} \\ \varphi &= \arctan\frac{z_P - h}{\sqrt{x_P^2 + y_P^2}} \end{aligned}\right\} \tag{2-6}$$

根据式（2-6）即可在给定的 x_P、y_P、z_P 的情况下，解出应输入的关节变量 θ、φ、r。

以上对机器人主体机构的位置分析，仅限于三自由度（不计腕部自由度）机构，且只作手部位置的正、逆解，而没有作姿态的正、逆解。目的是使读者对机器人机构的运动学问题有个最基础的了解。

对于自由度较多且计入腕部运动的机器人机构，尤其是常见的空间开链关节式机器人，对其进行位姿的正、逆解运算是十分繁复的，其逆解往往具有多解性。

小　　结

本章主要介绍了机器人的基本结构、组成特点及主要技术参数，在此基础上，对工业机器人的基本结构、分类、应用及发展趋势做了简单介绍，还重点介绍了工业机器人的机身、臂部、腕部、手部及移动机构的相关结构特点及应用形式，另外还简单介绍了机器人的位姿问题，包括机器人正向学问题和反向学问题两个方面，并通过举例说明如何求解圆柱坐标及球坐标主体结构正解和逆解。

思　考　题

2.1　简述机器人由哪几部分组成。

2.2　什么叫冗余自由度机器人？

2.3　简述下面几个术语的含义：自由度、重复定位精度、额定速度、承载能力。

2.4　简述机器人分辨率的基本概念。

2.5　简述工业机器人的几种分类方法。

2.6　什么是机器人位姿的正向运动学问题？什么是反向运动学问题？

2.7　机器人臂部设计应注意哪些问题？

2.8　简述工业机器人手部的特点。

第3章 传感器在机器人上的应用

机器人是通过传感器得到感觉信息的。其中，传感器处于连接外界环境与机器人的接口位置，是机器人获取信息的窗口。要使机器人拥有智能，对环境变化做出反应，首先，必须使机器人具有感知环境的能力，用传感器采集信息是机器人智能化的第一步；其次，如何采取适当的方法，将多个传感器获取的环境信息加以综合处理，控制机器人进行智能作业，则是提高机器人智能程度的重要体现。因此，传感器及其信息处理系统，是构成机器人智能的重要部分，它为机器人智能作业提供决策依据。

3.1 机器人常用传感器简介

机器人是由计算机控制的复杂机器，它具有类似人的肢体及感官功能，动作程序灵活，有一定程度的智能，在工作时可以不依赖人的操纵。机器人传感器在机器人的控制中起了非常重要的作用，正因为有了传感器，机器人才具备了类似人类的知觉功能和反应能力。

3.1.1 机器人需要的感觉能力

1. 触觉能力

触觉是智能机器人实现与外界环境直接作用的必需媒介，是仅次于视觉的一种重要感知形式。作为视觉的补充，触觉能感知目标物体的表面性能和物理特性，如柔软性、硬度、弹性、粗糙度和导热性等。触觉能保证机器人可靠地抓住各种物体，也能使机器人获取环境信息，识别物体形状和表面的纹路，确定物体空间位置和姿态参数等。

一般把检测感知和外部直接接触而产生的接触觉、压觉、滑觉等传感器称为机器人触觉传感器。

1）接触觉传感器：接触觉传感器可检测机器人是否接触目标或环境，用于寻找物体或感知碰撞。传感器装于机器人的运动部件或末端执行器（如手爪）上，用以判断机器人部件是否和对象物发生了接触，以解决机器人的运动正确性，实现合理抓握或防止碰撞。接触觉是通过与对象物体彼此接触而产生的，所以最好使用手指表面高密度分布触觉传感器阵列，它柔软易于变形，可增大接触面积，并且有一定的强度，便于抓握。

2）压觉传感器：压觉传感器用来检测和机器人接触的对象物之间的压力值。这个压力可能是对象物施加给机器人的，也可能是机器人主动施加在对象物上的（如手爪持夹对象物时的情况）。压觉传感器的原始输出信号是模拟量。

3）滑觉：滑觉传感器用于检测机器人手部夹持物体的滑移量，机器人在抓取不知属性的物体时，其自身应能确定最佳握紧力的给定值。

2. 力觉能力

在所有机器人传感器中，力觉传感器是机器人最基本、最重要的一种，也是发展比较成熟的传感器。没有力觉传感器，机器人就不能获取它与外界环境之间的相互作用力，从而难以完成机器人在环境约束下的各种作业。

机器人力觉传感器就安装部位来讲，可以分为关节力传感器、腕力传感器和指力传感器。

3. 接近觉能力

接近觉传感器是机器人用来控制自身与周围物体之间的相对位置或距离的传感器，用来探测在一定距离范围内是否有物体接近、物体的接近距离和对象的表面形状及倾斜等状态。它一般都装在机器人手部，起两方面作用：对物体的抓取和躲避。接近觉一般用非接触式测量元器件，如霍尔效应传感器、电磁式接近开关、光电式接近觉传感器和超声波式传感器。

光电式接近觉传感器的应答性好，维修方便，尤其是测量精度很高，是目前应用最多的一种接近觉传感器，但其信号处理较复杂，使用环境也受到一定限制（如环境光度偏极或污浊）。

超声波式传感器的原理是测量渡越时间，超声波是频率20kHz以上的机械振动波，渡越时间与超声波在介质中的传播速度的乘积的一半即是传感器与目标物之间的距离，渡越时间的测量方法有脉冲回波法、相位差法和频差法。

4. 视觉能力

视觉信息可分为图形信息、立体信息、空间信息和运动信息。图形信息是平面图像，它可以记录二维图像的明暗和色彩，在识别文字和形状时起重要作用。立体信息表明物体的三维形状，如远近、配置等信息，可以用来感知活动空间、手足活动的余地等信息。运动信息是随时间变化的信息，表明运动物体的有无、运动方向和运动速度等信息。

视觉传感器获取的信息量要比其他传感器获取的信息量多得多，但目前还远未能使机器人视觉具有人类完全一样的功能，一般仅把视觉传感器的研制限于完成特殊作业所需的功能。

视觉传感器把光学图像转换为电信号，即把入射到传感器光敏面上按空间分布的光强信息转换为按时序串行输出的电信号——视频信号，而该视频信号能再现入射的光辐射图像。固体视觉传感器主要有3大类型：一类是电荷耦合器件（CCD）；第二类是MOS图像传感器，又称自扫描光敏二极管列阵（SSPA）；第三类是电荷注入器件（CID）。目前在机器人避障系统中应用较广的是CCD摄像机，它又可分为线阵和面阵两种。线阵CCD摄取的是一维图像，而面阵CCD可摄取二维平面图像。

视觉传感器摄取的图像经空间采样和模-数转换后变成一个灰度矩阵，送入计算机存储器中，形成数字图像。为了从图像中获得期望的信息，需要利用计算机图像处理系统对数字图像进行各种处理，将得到的控制信号送给各执行机构，从而再现机器人避障过程的控制。

5. 听觉能力

（1）特定人的语音识别系统

特定人语音识别方法是将事先指定的人的声音中的每一个字音的特征矩阵存储起来，形成一个标准模板，然后再进行匹配。它首先要记忆一个或几个语音特征，而且被指定人讲话的内容也必须是事先规定好的有限的几句话。特定人语音识别系统可以识别讲话的人是否是事先指定的人，讲的是哪一句话。

（2）非特定人的语音识别系统

非特定人的语音识别系统大致可以分为语言识别系统、单词识别系统以及数字音（0～9）识别系统。非特定人的语音识别方法则需要对一组有代表性的人的语音进行训练，找出同一词音的共性，这种训练往往是开放式的，能对系统进行不断的修正。在系统工作时，将接收到的声音信号用同样的办法求出它们的特征矩阵，再与标准模式相比较，看它与哪个模板相同或相近，从而识别该信号的含义。

6. 嗅觉能力

目前主要采用了三种方法来实现机器人的嗅觉功能：一是在机器人上安装单个或多个气体传感器，再配置相应处理电路来实现嗅觉功能，如 Ishida H 的气体/气味烟羽跟踪机器人；二是研究者自行研制简易的嗅觉装置，例如 Lilienthal A 等研制的用于移动检查机器人的立体电子鼻，使用活的蚕蛾触角配上电极构造了两种能感知信息素的机器人嗅觉传感器；三是采用商业的电子鼻产品，如 A Loutfi 用机器人进行的气味识别研究。

3.1.2　机器人传感器的分类

机器人按完成的任务不同，配置的传感器类型和规格也不同，一般按用途的不同，机器人传感器分成两大类：用于检测机器人自身状态的内部传感器和用于检测机器人外部环境参数的外部传感器。

1. 内部传感器

内部传感器是用于测量机器人自身状态的功能元器件。具体检测的对象有关节的线位移、角位移等几何量；速度、加速度、角速度等运动量；倾斜角和振动等物理量。内部传感器常用于控制系统中，作为反馈元件，检测机器人自身的各种状态参数，如关节运动的位置、速度、加速度、力和力矩等。

2. 外部传感器

用来检测机器人所处环境（如是什么物体，离物体的距离有多远等）及状况（如抓取的物体是否滑落）的传感器，一般与机器人的目标识别和作业安全等因素有关。具体有触觉传感器、视觉传感器、接近觉传感器、距离传感器、力觉传感器、听觉传感器、嗅觉传感器、温度传感器等。

图 3-1 所示是传感器的具体分类。

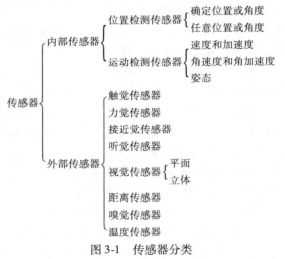

图 3-1　传感器分类

3.2　机器人传感器的要求与选择

机器人需要安装什么样的传感器，对这些传感器有什么要求，是设计机器人感觉系统时遇到的首要问题。选择机器人传感器应当完全取决于机器人的工作需要和应用特点，应考虑的因素包括以下几个方面。

1. 成本

传感器的成本是要考虑的重要因素，尤其在一台机器需要使用多个传感器时更是如此。然而成本必须与其他设计要求相平衡，例如可靠性的保障、传感器数据的保障、准确度和寿命等。

2. 重量

由于机器人是运动装置，所以传感器的重量很重要，传感器过重会增加机械臂的惯量，同时还会减少总的有效载荷。

3. 尺寸

根据传感器的应用场合，尺寸大小有时是最重要的。例如，关节位移传感器必须与关节的设计相适应，并能与机器人中的其他部件一起移动，但关节周围可利用的空间可能会受到限制。另外，体积庞大的传感器可能会限制关节的运动范围。因此确保给关节传感器留下足够大的空间非常重要。

4. 输出类型

根据不同的应用，传感器的输出可以是数字量也可以是模拟量，它们可以直接使用，也可能必须对其进行转化后才能使用。例如，电位器的输出量是模拟量，而编码器的输出则是脉冲量。如果编码器连同微处理器一起使用，其输出可直接传送至处理器的输入端口，而电位器的输出则必须利用模拟转换器（ADC）转变成数字信号。哪种输出类型比较合适，必须结合其他要求进行折中考虑。

5. 接口

传感器必须能与其他设备相连接，如处理器和控制器。倘若传感器与其他设备的端口不匹配或两者之间需要其他的额外电路，那么需要解决传感器与设备间的接口问题。

6. 分辨率

分辨率指传感器在整个测量范围内所能辨别的被测量的最小变化量，或者所能辨别的不同被测量的个数。如果它辨别的被测量的最小变化量越小，或被测量的个数越多，则它的分辨率越高；反之，分辨率越低。无论是示教再现型机器人，还是可编程型机器人，都对传感器的分辨率有一定的要求。传感器的分辨率直接影响到机器人的可控程度和控制质量，一般需要根据机器人的工作任务规定传感器分辨率的最低限度要求。

7. 灵敏度

灵敏度是指输出响应变化与输入变化的比。高灵敏度传感器的输出会由于输入波动（包括噪声）而产生较大的波动。

8. 线性度

线性度反映了输入变量与输出变量间的关系，这意味着具有线性输出的传感器在量程范围内，任意相同的输入变化将会产生相同的输出变化。几乎所有器件在本质上都具有一些非线性，只是非线性的程度不同，在一定的工作范围内，有些器件可以认为是线性的，而其他器件可以通过一定的前提条件来线性化。如果输出不是线性的，但已知非线性度，则可以通过对其适当的建模、添加测量方程或额外的电子线路来克服非线性度。

9. 量程

量程是传感器能够产生的最小与最大输出间的差值，或传感器正常工作时的最小和最大之间的差值。

10. 响应时间

这是一个动态特性指标，指传感器的输入信号变化以后，其输出信号变化到一个稳态值所需要的时间。在某些传感器中，输出信号在到达某一稳定值以前会发生短时间的振荡。传感器输出信号的振荡，对于机器人的控制来说是非常不利的，它有时会造成一个虚设位置，影响机器人的控制精度和工作精度。所以总是希望传感器的响应时间越短越好。响应时间的计算应当以输入信号开始变化的时刻为始点，以输出信号达到稳态值的时刻为终点。

11. 可靠性

可靠性是系统正常运行次数与总运行次数之比，对于要求连续工作的情况，在考虑费用以及其他要求的同时应选择可靠且能长期持续工作的传感器。

12. 精度和重复精度

精度是传感器的输出值与期望值的接近程度。对于给定输入，传感器有一个期望输出，而精度则与传感器的输出和该期望值的接近程度有关。

对同样的输入，如果对传感器的输出进行多次测量，那么每次输出都可能会不一样。重复精度反映了传感器多次输出之间的变化程度。通常，如果进行足够次数的测量，那么就可以确定一个范围，它能包含所有在标称值周围的测量结果，那么这个范围就定义为重复精度。通常重复精度比精度更加重要，在多数情况下，不准确度是由系统误差导致的，可以预测和测量，所以可以进行修正和补偿，而重复性误差通常是随机的，不容易补偿。

3.3　常用机器人内部传感器

3.3.1　机器人的位置检测传感器

机器人的位置检测传感器可分为两类：

1）检测规定的位置，常用 ON/OFF 两个状态值。这种方法用于检测机器人的起始原点、终点位置或某个确定的位置。给定位置检测常用的检测元件有微型开关、光电开关等。规定的位移量或力作用在微型开关的可动部分上，开关的电气触点断开（常闭）或接通（常开）并向控制回路发出动作信号。

2）测量可变位置和角度，即测量机器人关节线位移和角位移的传感器是机器人位置反馈控制中必不可少的元器件。常用的有电位器、旋转变压器、编码器等。其中编码器既可以检测直线位移，又可以检测角位移。

下面介绍几种常用的位置检测传感器。

1. 光电开关

光电开关是由 LED 光源和光敏二极管或光敏晶体管等光敏元件，相隔一定距离而构成的透光式开关。光电开关的特点是非接触检测，精度可达到 0.5mm 左右。

（1）漫反射式光电开关

漫反射光电开关是一种集发射器和接收器于一体的传感器，当有被检测物体经过时，将光电开关发射器发射的足够量的光线反射到接收器，于是光电开关就产生了开关信号。当被检测物体的表面光亮或其反光率极高时，漫反射式的光电开关是首选的检测模式。

（2）镜反射式光电开关

镜反射式光电开关也是集发射器与接收器于一体，光电开关发射器发出的光线经过反射镜，反射回接收器，当被检测物体经过且完全阻断光线时，光电开关就产生了检测开关信号。

（3）对射式光电开关

对射式光电开关包含在结构上相互分离且光轴相对放置的发射器和接收器,发射器发出的光线直接进入接收器。当被检测物体经过发射器和接收器之间且阻断光线时,光电开关就产生了开关信号。当检测物体不透明时,对射式光电开关是最可靠的检测模式。

(4) 槽式光电开关

槽式光电开关通常是标准的 U 形结构,其发射器和接收器分别位于 U 形槽的两边,并形成一光轴,当被检测物体经过 U 形槽且阻断光轴时,光电开关就产生了检测到的开关量信号。槽式光电开关比较安全可靠,适合检测高速变化,分辨透明与半透明物体。

(5) 光纤式光电开关

图 3-2 所示为常用的几种光纤式光电开关。

2. 编码器

根据检测原理,编码器可分为光电式、磁场式、感应式和电容式。根据刻度方法及信号输出形式,可分为增量式、绝对式以及混合式 3 种。

光电式编码器最常用。光电编码器分为绝对式和增量式两种类型。增量式光电编码器具有结构简单、体积小、价格低、精度高、响应速度快、性能稳定等优点,应用更为广泛,特别是在高分辨率和大量程角速率/位移测量系统中,增量式光电编码器更具优越性。

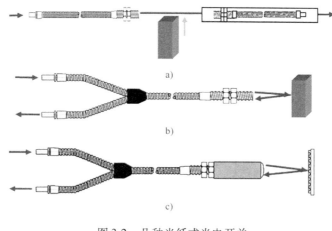

图 3-2　几种光纤式光电开关
a) 遮断型　b) 反射型　c) 反射镜反射型

图 3-3 所示为光电式增量编码器结构图。在圆盘上有规则地刻有透光和不透光的线条,在圆盘两侧,安放发光元件和光敏元件。

光电编码器的光源最常用的是自身有聚光效果的发光二极管。当光电码盘随工作轴一起转动时,光线透过光电码盘和光栏板狭缝,形成忽明忽暗的光信号。光敏元件把此光信号转换成电脉冲信号,通过信号处理电路后,向数控系统输出脉冲信号,也可由数码管直接显示位移量。

光电编码器的测量准确度与码盘圆周上的狭缝输出波形条纹数 n 有关,能分辨的角度 α 为

$$\alpha = 360°/n$$
$$分辨率 = 1/n$$

例如:码盘边缘的透光槽数为 1024 个,则能分辨的最小角度 $\alpha = 360°/1024 = 0.352°$。为了判断码盘旋转的方向,必须在光栏板上设置两个狭缝,其距离是码盘上的两个狭缝距离的 $(m + 1/4)$ 倍,m 为正整数,并设置了两组对应的光敏元件,如图 3-3 中的光敏元件,有时也称为 cos、sin 元件。当检测对象旋转时,同轴或关联安装的光电编码器便会输出 A、B 两路相位相差 90° 的数字脉冲信号。光电编码器的输出波形图如图 3-4 所示。为了得到码盘转动的绝对位置,还须设置一个基准点,如图 3-3 中的 Z 相信号缝隙(零位标志)。码盘

每转一圈，零位标志槽对应的光敏元件产生一个脉冲，称为"一转脉冲"，见图3-4中的C_0脉冲。

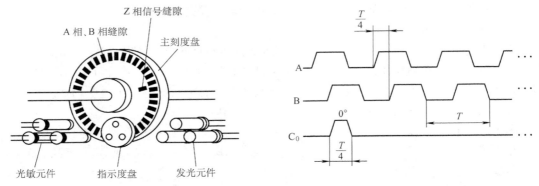

图3-3　光电式增量编码器结构图

图3-4　光电编码器的输出波形图

3. 旋转变压器

　　旋转变压器由铁心、两个定子线圈和两个转子线圈组成，是测量旋转角度的传感器。旋转变压器同样也是变压器，它的一次线圈与旋转轴相连，并经滑环通有交变电流（如图3-5所示）。旋转变压器具有两个二次线圈，相互成90°放置。随着转子的旋转，有转子所产生的磁通量跟随一起旋转，当一次线圈与两个二次线圈中的一个平行时，该线圈中的感应电压最大，而在另一个垂直于一次线圈的次级线圈中没有任何感应电压。随着转子的转动，最终第一个二次线圈中的电压达到零，而第二个二次线圈中的电压达到最大值。对于其他角度，两个二次线圈产生与一次线圈夹角正、余弦成正比的电压。虽然旋转变压器的输出是模拟量，但却等同于角度的正弦、余弦值，这就避免了以后计算这些值的必要性。旋转变压器可靠、稳定且准确。

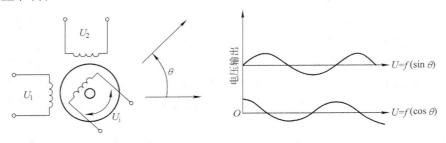

图3-5　旋转变压器原理图

3.3.2　机器人速度、角速度传感器

1. 编码器

　　前面讲过编码器既可以测直线位移，又可以测角位移。如果用编码器测量位移，那么就没有必要再单独使用速度传感器。对任意给定的角位移，编码器将产生确定数量的脉冲信号，通过统计指定时间（dt）内脉冲信号的数量，就能计算出相应的角速度。dt越短，得到的速度值就越准确，越接近实际的瞬时速度。但是，如果编码器的转动很缓慢，则测得的

速度可能会变得不准确。通过对控制器的编程，将指定时间内脉冲信号的个数转化为速度信息就可以计算出速度。

2. 测速发电机

测速发电机是一种把输入的转速信号转换成输出的电压信号的机电式信号元件，它可以作为测速、校正和解算元件，广泛应用于机器人的关节速度测量中。

机器人对测速发电机的性能要求，主要是精度高、灵敏度高、可靠性好，包括以下 5 个方面。

1）输出电压与转速之间有严格的正比关系。

2）输出电压的脉动要尽可能小。

3）温度变化对输出电压的影响要小。

4）在一定转速时所产生的电动势及电压应尽可能大。

5）正反转时输出电压应对称。

测速发电机主要可分为直流测速发电机和交流测速发电机。直流测速发电机具有输出电压斜率大，没有剩余电压及相位误差，温度补偿容易实现等优点；交流测速发电机的主要优点是不需要电刷和换向器，不产生无线电干扰火花，结构简单，运行可靠，转动惯量小，摩擦阻力小，正、反转电压对称等。

（1）直流测速发电机

直流测速发电机有永磁式和电磁式两种，其结构与直流发电机相近。永磁式采用高性能永久磁钢励磁，受温度变化的影响较小，输出变化小，斜率高，线性误差小。这种发电机在 20 世纪 80 年代因新型永磁材料的出现而发展较快。电磁式采用他励式，不仅复杂且因励磁受电源、环境等因素的影响，输出电压变化较大，用得不多。图 3-6 所示为直流测速发电机基本结构图。

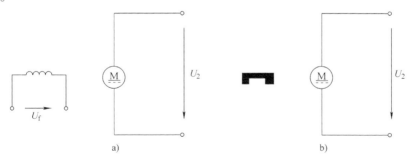

图 3-6　直流测速发电机基本结构图

a）电磁式　b）永磁式

用永磁材料制成的直流测速发电机还分有限转角测速发电机和直线测速发电机。它们分别用于测量旋转或直线运动速度，其性能要求与直流测速发电机相近，但结构有些差别。

（2）交流测速发电机

交流测速发电机分为同步测速发电机和异步测速发电机。同步测速发电机输出电压的幅值和频率均随转速的变化而变化，因此一般只用作指示式转速计，很少用于自动控制系统的转速测量。异步测速发电机输出电压的频率和励磁电压的频率相同，而与转速无关，其输出电压与转速成正比，因而是交流测速发电机的首选。

根据转子的结构型式，异步测速发电机又可分为笼型转子异步测速发电机和杯型转子异步测速发电机，前者结构简单，输出特性斜率大，但特性差，误差大，转子惯量大，一般仅用于精度要求不高的系统中；后者转子采用非磁性空心杯，转子惯量小，精度高，是目前应用最广泛的一种交流测速发电机。所以，这里主要介绍杯型转子异步测速发电机，其基本结构如图 3-7 所示。

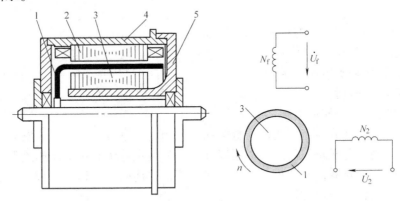

图 3-7　杯型转子异步测速发电机基本结构
1—杯型结构　2—外定子　3—内定子　4—机壳　5—端盖

励磁磁通是沿励磁绕组轴线方向（直轴方向）的，即与输出绕组轴线方向垂直，因而当发电机的转子不动时，是不会在输出绕组中产生感应电动势的，所以此时输出绕组的电压为零，即 $n = 0$ 时，$U_2 = 0$，如图 3-8a 所示。励磁磁通在转子绕组中会产生变压器电动势和电流，并产生相应的转子磁通，该磁通位于直轴方向，与输出绕组轴线方向垂直，所以也不会在输出绕组中产生感应电动势。空心杯型转子可以看作由无数条并联的导体组成，所以当转子以转速 n 旋转时，转子导体在励磁磁场中就要产生运动电动势，其方向如图 3-8b 所示。

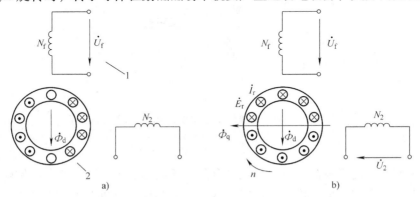

图 3-8　杯型转子异步测速发电机工作原理
a）转子静止时　b）转子旋转时
1—变压器电动势　2—杯型转子

图中，$U_2 \propto \Phi_q \propto I_r \propto E_r = C_r \Phi_d n \propto U_f n$。式中，$C_r$ 为电动势系数。由此可以看出，当

交流异步测速发电机励磁绕组施加恒定的励磁电压，发电机以转速 n 旋转时，输出绕组的输出电压 U_2 与转速 n 成正比。当发电机反转时，由于相应的感应电动势、电流及磁通的相位都与原来相反，因此输出电压的相位也与原来相反。这样，异步测速发电机就能将转速信号转换成电压信号，实现测速的目的。

3. 位置信号微分

如果位置信号中噪声较小，那么对它进行微分来求取速度信号不仅可行，而且很简单。为此，位置信号应尽可能连续，以免在速度信号中产生大的脉动。所以，建议使用薄膜式电位器测量位置，因为绕线式电位器的输出是分段的，不适合微分。然而，信号的微分总是会有噪声的，应该仔细处理。图 3-9 表示的是带有运放的简单 R-C 电路，它可用于微分运算。在图 3-9 中，速度信号为

$$v_{out} = -RC\mathrm{d}v_{in}/\mathrm{d}t \qquad (3-1)$$

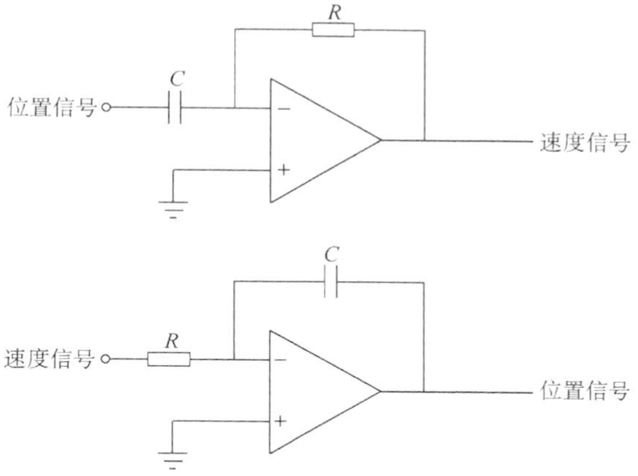

图 3-9 带运算放大器的 R-C 微分和积分电路

同样，可以对速度（或加速度）信号积分而得到位置（或速度）信号为

$$v_{out} = -\int v_{in}\mathrm{d}t/RC \qquad (3-2)$$

3.4 常用机器人外部传感器

为了检测作业对象及环境或机器人与它们的关系，在机器人上安装了接触觉传感器、视觉传感器、力觉传感器、接近觉传感器、超声波传感器和听觉传感器等，大大改善了机器人工作状况，使其能够更充分地完成复杂的工作。由于外部传感器为集多种学科于一身的产品，有些方面还在探索之中，随着外部传感器的进一步完善，机器人的功能越来越强大，将在许多领域为人类做出更大贡献。

3.4.1 机器人接触觉传感器

机器人接触觉传感器是用来判断机器人是否接触物体的测量传感器。传感器输出信号常为 0 或 1，最经济适用的形式是各种微动开关。常用的微动开关由滑柱、弹簧、基板和引线构成，具有性能可靠、成本低、使用方便等特点。接触觉传感器不仅可以判断是否接触物体，而且还可以大致判断物体的形状。一般传感器装于机器人末端执行器上，除微动开关外，接触觉传感器还采用碳素纤维及聚氨基甲酸酯为基本材料构成触觉传感器。机器人与物体接触，通过碳素纤维与金属针之间建立导通电路，与微动开关相比，碳素纤维具有更高的触电安装密度、更好的柔性、可以安装于机械手的曲面手掌上。

简单的接触觉传感器以阵列形式排列组合成触觉传感器，它以特定次序向控制器发送接触和形状信息，如图 3-10 所示。

触觉传感器由一组能够确定接触是否发生，以及能够提供更多有关物体额外信息的传感

器组合而成，这些额外信息包括形状、尺寸或材料等。多数情况下，接触觉传感器可以排成列或矩阵形式，如图 3-10 所示。其中，触觉传感器的两侧各有一个由 6 个接触觉传感器组成的阵列，而接触觉传感器由触杆、发光二极管和光传感器组成。当触觉传感器接近物体时触杆将随之缩进，遮挡了发光二极管向光传感器发射的光线。光传感器于是输出与触杆的位移成正比的信号。可以看出，这些接触觉传感器实际上就是位传感器。同样，也可以使用其他类型的位传感器，如微动开关、线位移差动变压器、压力传感器、磁传感器等。

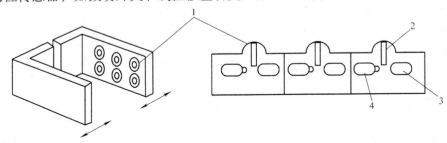

图 3-10　简单的触觉传感器

1—接触觉传感器　2—触杆　3—光传感器　4—发光二极管

接触觉传感器可以提供的物体的信息如图 3-11 所示。当触觉传感器与物体接触时，依据物体的形状和尺寸，不同的接触觉传感器将以不同的次序对接触做出不同的反应，控制器就利用这些信息来确定物体的大小和形状。图 3-11 给出了 3 个简单的例子：接触立方体、圆柱体和不规则形状的物体。可以看出，每个物体都会使触觉传感器产生一组唯一的特征信号，由此可确定接触的物体。

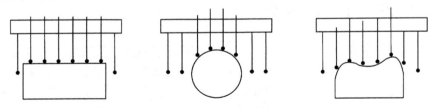

图 3-11　接触觉传感器可提供的物体信息

人们试图制造出类皮肤连续触觉传感器，其功能与人的皮肤类似。多数情况下，设计主要围绕传感器阵列进行，它们被嵌入在两层聚合物之间，彼此用绝缘网格隔离，如图 3-12 所示。当有力作用在聚合物上时，力就会被传给周围的一些传感器，这些传感器会产生与所受力成正比的信号。对于分辨率要求较低的场合，使用这些传感器会产生令人满意的效果。

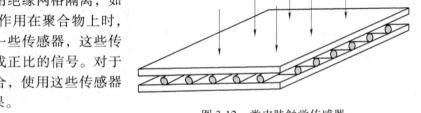

图 3-12　类皮肤触觉传感器

接触觉传感器还可用来测量物体表面的弯曲程度，当发生弯曲时它会输出信号。此外，类似的传感器还可以用在虚拟现实的手套中来测量指关节角度。这种传感器由渗入导电碳粒的甲酸脂橡胶条组成，当他被拉伸时导电橡胶的电阻值会减小，因此产生与关节弯曲角度成正比的信号。

3.4.2　接近觉传感器

接近觉是机器人能感知相距几毫米至几十厘米内对象物或障碍物的距离、对象物的表面性质等的传感器，其目的是在接触对象前得到必要的信息，以便后续动作。接近觉传感器有许多不同的类型，如电磁式、涡流式、霍尔效应式、光学式、超声波式、电感式和电容式等等。

1. 电磁式接近觉传感器

如图 3-13 所示为电磁式接近觉传感器。加有高频信号 i_s 的励磁线圈 L 产生的高频电磁场作用于金属板，在其中产生涡流，该涡流反作用于线圈。通过检测线圈的输出可反映出传感器与被接近金属间的距离。

2. 光学接近觉传感器

光学接近觉传感器由用作发射器的光源和接收器两部分组成，光源可以在内部，也可以在外部，接收器能够感知光线的有无。接收器通常是光敏晶体管，而发射器则通常是发光二极管，两者结合就形成了一个光传感器，可应用于包括光学编码器在内的许多场合。

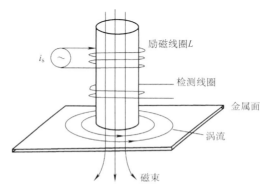

图 3-13　电磁式接近觉传感器

作为接近觉传感器，发射器及接收器的配置准则是：发射器发出的光只有在物体接近时才能被接收器接收。图 3-14 是光学接近觉传感器的原理图。除非能反射光的物体处在传感器作用范围内，否则接收器就接受不到光线，也就不能产生信号。

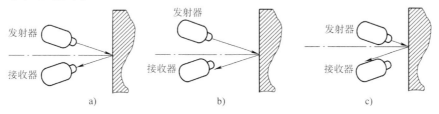

图 3-14　光学接近传感器原理图

a）在作用范围内　b）不在作用范围内，太远　c）不在作用范围内，太近

3. 超声波接近觉传感器

在这种传感器中，超声波发射器能够间断地发出高频声波（通常在 200kHz 范围内）。超声波传感器有两种工作模式，即对置模式和回波模式。在对置模式中，接收器放置在发射器对面，而在回波模式中，接收器放置在发射器旁边或与发射器集成在一起，负责接收反射回来的声波。如果接收器在其工作范围内（对置模式）或声波被靠近传感器的物体表面反射（回波模式），则接收器就会检测出声波，并将产生相应信号，否则接收器就检测不到声

波，也就没有信号。所有的超声波传感器在发射器的表面附近都有盲区，在此盲区内，传感器不能测距也不能检测物体的有无。在回波模式中超声波传感器不能探测表面是橡胶和泡沫材料的物体，这些物体不能很好的反射声波。图 3-15 为超声波接近觉传感器原理图。

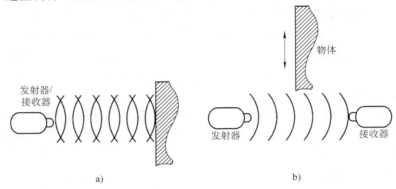

图 3-15　超声波接近觉传感器原理图

a）回波模式　b）对置模式

4. 感应式接近觉传感器

感应式接近觉传感器用于检测金属表面。这种传感器其实就是一个带有铁氧体磁心、振荡器—检测器和固态开关的线圈。当金属物体出现在传感器附近时，振荡器的振幅会很小。检测器检测到这一变化后，断开固态开关。当物体离开传感器的作用范围时，固态开关又会接通。

5. 电容式接近觉传感器

电容式接近觉传感器利用电容量的变化产生接近觉，如图 3-16 所示。其本身作为一个极板，被接近物作为另一个极板。将该电容接入电桥电路或 RC 振荡电路，利用电容极板距离的变化产生电容的变化，可检测出与被接近物的距离。电容式接近觉传感器具有对物体的颜色、构造和表面都不敏感且实时性好的优点。

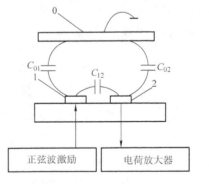

图 3-16　电容式接近觉传感器

6. 涡流接近觉传感器

当导体放置在变化的磁场中时，内部就会产生电动势，导体中就会有电流流过，这种电流叫做涡流。涡流传感器具有两个线圈，第一组线圈产生作为参考用的变化磁通，在有导电材料接近时，其中将会感应出涡流，感应出的涡流又会产生与第一组线圈反向的磁通使总的磁通减少。总磁通的变化与导电材料的接近程度成正比，它可由第二组线圈检测出来。涡流传感器不仅能检测是否有导电材料，而且能够对材料的空隙、裂缝、厚度等进行非破坏性检测。

7. 霍尔式传感器

当一块通有电流的金属或半导体薄片垂直地放在磁场中时，薄片的两端就会产生电位差，这种现象就称为霍尔效应。两端具有的电位差值称为霍尔电动势 U，其表达式为 $U = KIB/d$，其中 K 为霍尔系数，I 为薄片中通过的电流，B 为外加磁场的磁感应强度，d 是薄片的厚度。

由此可见，霍尔效应的灵敏度高低与外加磁场的磁感应强度成正比的关系。霍尔元件就属于这种有源磁电转换器件，是一种磁敏元件，它是在霍尔效应原理的基础上，利用集成封装和组装工艺制作而成，它可方便地把磁输入信号转换成实际应用中的电信号，同时又具备工业场合实际应用易操作和可靠性的要求。霍尔开关就是利用霍尔元件的这一特性制作的，它的输入端是以磁感应强度 B 来表征的，当 B 值达到一定的程度（如 B_1）时，霍尔开关内部的触发器翻转，霍尔开关的输出电平状态也随之翻转。输出端一般采用晶体管输出，和其他传感器类似，有 NPN 型、PNP 型、常开型、常闭型、锁存型（双极性）、双信号输出之分。霍尔开关具有无触电、低功耗、长使用寿命、响应频率高等特点，内部采用环氧树脂封灌成一体化，所以能在各类恶劣环境下可靠地工作。

当磁性物体移近霍尔开关时，开关检测面上的霍尔元件因产生霍尔效应而使开关内部电路状态发生变化，由此识别附近有磁性物体存在，进而控制开关的通或断。这种接近开关的检测对象必须是磁性物体。

3.4.3 测距仪

与接近觉传感器不同，测距仪用于测量较长的距离，它可以探测障碍物和物体表面的形状，并且用于向系统提供早期信息。测距仪一般是基于光（可见光、红外光或激光）和超声波的。常用的测量方法是三角法和测量传输时间法。

1. 三角法

用单束光线照射物体，会在物体上形成一个光斑，形成的光斑由摄像机或光敏晶体管等接收器接收，距离或深度可根据接收器、光源及物体上的光斑所形成的三角形计算出来，如图 3-17 所示。

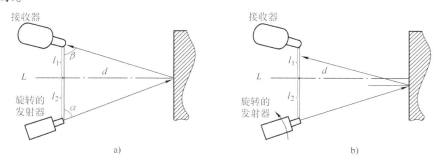

图 3-17 三角法测量间距

从图 3-17a 可以清楚地看出：物体、光源和接收器之间的布局只在某一瞬间能使接收器接收到光斑，此时距离 d 可依式（3-3）计算：

$$\begin{cases} \tan\beta = d/l_1 \\ \tan\alpha = d/l_2 \\ L = l_1 + l_2 \end{cases} \tag{3-3}$$

经处理可得：

$$d = L\tan\alpha\tan\beta/(\tan\alpha + \tan\beta) \tag{3-4}$$

式中的 L 和 β 已知，如果能测出 α，那么就可以计算出 d。从图 3-17b 可以看出，除了某一瞬间外，其余时间接收器均不能收到物体反射的光线，于是必须转动发动器，一旦接收器能收到反射回来的光线就记下此时发射器的角度，利用该角度即可计算出距离。在实际使用中，发射出的光线（比如激光）经过一个旋转的镜面连续地改变传输方向，同时监测接收器是否接收到反射光，一旦接收到反射光，就将镜面的角度记录下来。仅在发射器以特定角度发射光线时，接收器才能检测到物体上的光斑，利用发射角的角度可以计算出距离。

2. 测量传输时间法

信号传输的距离包括从发射器到物体和被物体反射到接收器两部分。传感器与物体之间的距离是信号行进距离的一半，知道了传播速度，通过测量信号的往返时间即可算出距离。为了测量精确，时间的测量必须精确。若被测的距离短，则要求信号的波长必须很短。

3.4.4 超声波测距仪

超声波系统结构坚固、简单、廉价并且能耗低，可以很容易地用于摄像机调焦、运动探测报警、机器人导航和测距。它的缺点是分辨率和最大工作距离受到限制。其中，对分辨率的限制来自声波的波长、传输介质中的温度和传播速度的不一致；对最大距离的限制来自介质对超声波能量的吸收。目前，超声波设备的频率范围在 20kHz 到 2GHz 之间。

绝大部分的超声波测距设备采用测量时间的方法进行测距。工作原理是，发射器发射高频超声波脉冲，它在介质中行进一段距离，遇到障碍物后返回，由接收器接收，发射器和物体之间的距离等于超声波行进距离的一半，行进距离则等于传输时间与声速的乘积。当然，测量精度不仅与信号的波长有关，还与时间测量精度和声速精度有关。超声波在介质中的传播速度与声波的频率、介质密度及介质温度有关。为提高测量精度，通常在超声波发射器前 1in（1in = 25.4mm）处放置一个校准块，用于不同温度下系统校准。这种方法只在传输路径上介质温度一致的情况下才有效，而这种情况有时能满足，有时则不能满足。

时间测量的准确性对距离的测量精度至关重要。通常，如果接收器一旦接收到达到最小阈值的信号计时就停止，该方法的最大测量误差为 ±1/2 个波长。所以，测距仪所用超声波的频率越高，得到的精度就越高。例如，对于 20kHz 和 200kHz 的系统，工作波长分别是 17mm 和 1.7mm，则最小测量误差分别是 0.1m 和 0.01m。采用互相关、相位比较、频率调制、信号整理等方法可以提高超声波测距仪的分辨率和测量精度。必须提到的是：虽然频率越高得到的分辨率越高，但和频率较高的信号相比，它们衰减得更快，这会严重限制作用距离；反之，低频发射器的波束散射角度宽，又会影响横向分辨率。所以在选择频率时，要协调好横向分辨率和信号衰减之间的关系。

背景噪声是超声波传感器所遇到的另一个问题。许多工业和制造设备会产生含有高达 100kHz 超声波的声波，它将会影响超声波设备的工作。所以建议在工业环境中采用 100kHz 以上的工作波段。

超声波可用来测距、成形和探伤。单点测距称为点测，这是相对于应用在三维成形技术中的多数据点采集技术而言的。在三维成形技术中，需要测量物体上大量不同点的距离，把这些距离数据综合后就可得到物体表面的三维形状。需要指出的是：由于对三维物体只能测量物体的半个表面，而物体的后部或被其他部分遮挡的区域却测不到，所以有时也称之为二维半测量。

3.4.5　红外测距仪

红外线是介于可见光和微波之间的一种电磁波，因此它不仅具有可见光直线传播、反射、折射等特性，而且还具有微波的某些特性，如较强的穿透能力和能贯穿某些不透明物质等。红外传感器包括红外发射器件和红外接收器件。自然界的所有物体只要温度高于 0K 都会辐射红外线，因而红外传感器须具有更强的发射和接收能力。

红外测距传感器利用红外信号遇到障碍物距离不同、反射强度也不同的原理，进行障碍物远近的检测。红外测距传感器具有一对红外信号发射与接收二极管：发射管发射特定频率的红外信号；接收管接收这种频率的红外信号。当红外的检测方向遇到障碍物时，红外信号反射回来被接收管接收，经过处理之后，通过数字传感器接口返回到机器人主机，机器人即可利用红外的返回信号来识别周围环境的变化。

受器件特性的影响，一般的红外光电开关抗干扰性差，受环境光影响较大，并且探测物体的颜色、表面光滑程度不同，反射回的红外线强弱也会有所不同。

3.4.6　机器人姿态传感器

姿态传感器是用来检测机器人与地面相对关系的传感器，当机器人被限制在工厂的地面时，没有必要安装这种传感器，如大部分工业机器人。但当机器人脱离了这个限制，并且能够进行自由地移动（如移动机器人），安装姿态传感器就成为必要的了。

典型的姿态传感器是陀螺仪。陀螺仪是一种传感器，它利用高速旋的转子在旋转过程中，旋转轴所指的方向保持不变的特性，来精确确定物体的方位。转子通过万向接头安装在机器人上。图 3-18 所示为速率陀螺仪原理图。机器人围绕着输入轴以角速度转动时，与输入轴正交的输出轴仅转过一定的角度。在速率陀螺仪中，加装了弹簧。卸掉这个弹簧后的陀螺仪称为速率积分陀螺仪，此时输出轴以角速度旋转，且此角速度与围绕输入轴的旋转角速度成正比。

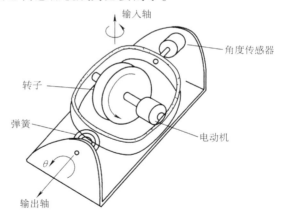

图 3-18　速率陀螺仪原理图

姿态传感器设置在机器人的躯干部分，它用来检测移动中的姿态和方位变化，保持机器人的正确姿态，并且实现指令要求的方位。

除此以外，还有气体速率陀螺仪、光陀螺仪，前者利用了姿态变化时，气流也发生变化这一现象；后者则利用了当环路状光径相对于惯性空间旋转时，沿这种光径传播的光，会因向右旋转而呈现速度变化的现象。

3.4.7　机器人力觉传感器

力觉是指对机器人的指、肢和关节等运动中所受力的感知，用于感知夹持物体的状态，校正由于手臂变形所引起的运动误差，保护机器人及零件不会损坏。它们对装配机器人具有重要意义。力觉传感器主要包括关节力传感器、腕力传感器等。

1）关节传感器。用于电流检测、液压系统的背压检测和应力式关节力传感器等。

2）腕力传感器。可以采用应变式、电容式、压电式等，主要采用应变式，如筒式六维力和力矩传感器、十字轮六维力和力矩传感器等。

1. 力-力矩传感器

力-力矩传感器主要用于测量机器人自身或与外界相互作用而产生的力或力矩的传感器。它通常装在机器人各关节处。刚体在空间的运动可以用 6 个坐标来描述，例如用表示刚体质心位置的 3 个直角坐标和分别绕 3 个直角坐标轴旋转的角度坐标来描述。可以用多种结构的弹性敏感元件来敏感机器人关节所受的 6 个自由度的力或力矩，再由粘贴其上的应变片（见半导体应变计、电阻应变计）将力或力矩的各个分量转换为相应的电信号。常用弹性敏感元件的形式有十字交叉式、3 根竖立弹性梁式和 8 根弹性梁的横竖混合结构等。图 3-19 所示为竖梁式 6 自由度力传感器的原理图。在每根梁的内侧粘贴张力测量应变片，外侧粘贴剪切力测量应变片，从而构成 6 个自由度的力和力矩分量输出。

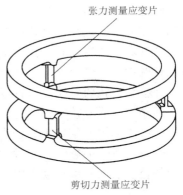

图 3-19　竖梁式 6 自由度力传感器的原理图

2. 应变片

应变片也能用于测量力。应变片的输出是与其形变成正比的阻值，而形变本身又与施加的力成正比。于是，通过测量应变片的电阻，就可以确定施加力的大小。应变片常用于测量末端执行器和机器人腕部的作用力。例如，IBM7565 机器人的手爪端部就装有一组应变片，通过它们可测定手爪的作用力。一个简单的命令就能让用户读出力的大小，并对此做出相应的反应。应变片也可用于测量机器人关节和连杆上的载荷，但不常用。图 3-20a 是应变片的简单的原理图。应变片常用在惠斯通电桥中，如图 3-20b 所示，电桥平衡时 A 点和 B 点电位相等。4 个电阻只要有一个变化，两点间就会有电流通过。因此，必须首先调整电桥使电流计归零。假定 R_4 为应变片，R_1、R_2、R_3 为固定电阻，在压力作用下该阻值会发生变化，导致惠斯通电桥不平衡，并使 A 点和 B 点间有电流通过。仔细调整一个其他电阻的阻值，直到电流为零，应力片的阻值变化可由下式得到：

$$R_1/R_4 = R_2/R_3 \tag{3-5}$$

应力片对温度变化敏感。为了解决这个问题，可用一个不承受形变的应力片作为电桥的 4 个电阻之一使用，以补偿温度的变化。

3. 多维力传感器简介

多维力传感器指的是一种能够同时测量两个方向以上的力及力矩分量的力传感器。在笛卡儿坐标系中力和力矩可以各自分解为 3 个分量，因此多维力最完整的形式是六维力-力矩传感器，即能够同时测量 3 个力分量和 3 个力矩分量的传感器。目前广泛使用的多维力传感器就是这种传感器。在某些场合，不需要测量完整的 6 个力和力矩分量，而只需要测量其中某几个分量，因此就有了二、三、四、五维的多维力传感器，其中每一种传感器都可能包含有多种组合形式。

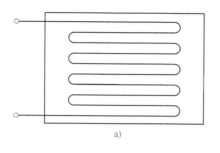
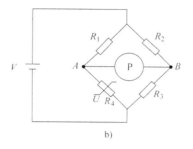

图 3-20　应变片传感器

a）应变片　b）惠斯通电桥

多维力传感器与单轴力传感器比较，除了要解决对所测力分量敏感的单调性和一致性问题外，还要解决因结构加工和工艺误差引起的维间（轴间）干扰问题、动静态标定问题以及矢量运算中的解耦算法和电路实现等。我国已经彻底解决了多维力传感器研究中的科学问题，如弹性体的结构设计、力学性能评估、矢量解耦算法等，也掌握了核心制造技术，具有从（宏观）机械到（微机械）的设计加工能力。产品覆盖了从二维到六维的全系列多维传感器，量程范围从几牛到几十万牛，并获得弹性体结构和矢量解耦电路等方面的多项专利技术。

多维力传感器广泛应用于机器人手指和手爪研究、机器人外科手术研究、指力研究、牙齿研究、力反馈、刹车检测、精密装配、切削、复原研究、整形外科研究、产品测试、触觉反馈和示教学习。行业覆盖了机器人、汽车制造、自动化流水线装配、生物力学、航空航天、轻纺工业等领域。图 3-21 所示为六维力传感器结构图。

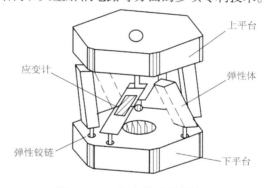

图 3-21　六维力传感器结构图

传感器系统中力敏元件的输出是 6 个弹性体连杆的应力。应力的测量方式很多，这里采用电阻应变计的方式测量弹性体上应力的大小。理论研究表明，在弹性体上只受到轴向的拉压作用力，因此只要在每个弹性体连杆上粘贴一片应变计（如图 3-21 所示），然后和其他 3个固定电阻器正确连接即可组成测量电桥，从而通过电桥的输出电压测量出每个弹性体上的应力大小。整个传感器力敏元件的弹性体连杆有 6 个，因此需要 6 个测量电桥分别对 6 个应变信号进行测量。传感器力敏元件的弹性体连杆机械应变一般都较小，为将这些微小的应变引起的应变计电阻值的微小变化测量出来，并有效提高电压灵敏度，测量电路采用直流电桥的工作方式，其基本形式如图 3-22 所示。

4. 机器人腕力传感器

机器人腕力传感器测量的是 3 个方向的力（力矩），所以一般均采用六维力-力矩传感器。由于腕力传感器既是测量的载体，又是传递力的环节，所以腕

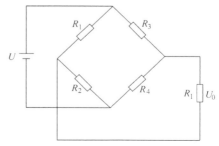

图 3-22　测量电桥

力传感器的结构一般为弹性结构梁，通过测量弹性体的变形得到 3 个方向的力（力矩）。

（1）林纯一六维腕力传感器

图 3-23 所示是日本大和制衡株式会社林纯一在 JPL 实验室研制的腕力传感器基础上提出的一种改进结构。它是一种整体轮辐式结构，传感器在十字架与轮缘连接处有一个柔性环节，因而简化了弹性体的受力模型（在受力分析时可简化为悬臂梁）。在 4 根交叉梁上总共贴有 32 个应变片（图中以小方块表示），组成 8 路全桥输出，六维力的获得须通过解耦计算。这一传感器一般将十字交叉主杆与手臂的连接件设计成弹性体变形限幅的形式，可有效起到过载保护作用，是一种较实用的结构。

（2）六维腕力传感器

图 3-24 所示为美国斯坦福大学研制的六维腕力传感器。该传感器利用一段铝管加工成串联的弹性梁，在梁上粘贴一对应变片（其中一片用于温度补偿），筒体由 8 个弹性梁支撑。

由于机器人各个杆件通过关节连接在一起，运动时各杆件相互联动，所以单个杆件的受力情况很复杂。但可以根据刚体力学的原理刚体上任何一点的力都可以表示为笛卡儿坐标系 3 个坐标轴的分力和绕 3 个轴的分力矩，只要测出这 3 个分力和分力矩，就能计算出该点的合力。

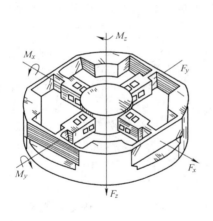

图 3-23　林纯一六维腕力传感器

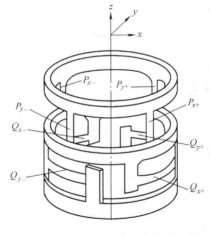

图 3-24　六维腕力传感器

3.4.8　机器人滑觉传感器

机器人在抓取不知属性的物体时，其自身应能确定最佳握紧力的给定值。当握紧力不够时，要检测被握紧物体的滑动，利用该检测信号，在不损害物体的前提下，考虑最可靠的夹持方法。实现此功能的传感器称为滑觉传感器。

滑觉传感器有滚动式和球式，还有一种通过振动检测滑觉的传感器。物体在传感器表面上滑动时，和滚轮或环相接触，把滑动变成转动。

磁力式滑觉传感器中，滑动物体引起滚轮滚动，用磁铁和静止的磁头，或用光传感器进行检测，这种传感器只能检测到一个方向的滑动。球式传感器用球代替滚轮，可以检测各个方向的滑动，振动式滑觉传感器表面伸出的触针能和物体接触，物体滚动时，触针与物体接触而产生振动，这个振动由压点传感器或磁场线圈结构的微小位移计检测。

1. 光纤滑觉传感器

目前,将光纤传感器用于机器人机械手上的有关研究主要是光纤压觉或力觉传感器和光纤触觉传感器。有关滑觉传感器的研究仍限于滚轴电编码式和滑球电编码式传感器。

由于光纤传感器具有体积小、不受电磁干扰、本质上防燃防爆等优点,因而在机械手作业过程中,可靠性较高。

在光纤滑觉传感系统中,利用滑球的微小转动来进行切向滑觉的转换,在滑球中心嵌入一平面反射镜。光纤探头由中心的发射光纤和对称布设的 4 根光信号接收光纤组成。

来自发射光纤的出射光经平面镜反射后,被发射光纤周围的 4 根光纤所接收,形成同一光场的 4 象限光探测,所接收的 4 象限光信号经前置放大后被送入信号处理系统。当传感器的滑球在有滑动趋势的物体作用下绕球心产生微小转动时,由此引起反射光场发生变化,导致 4 象限接收光纤所接收到的光信号受到调制,从而实现全方位光纤滑觉检测。光纤滑觉传感系统框图如图 3-25 所示。

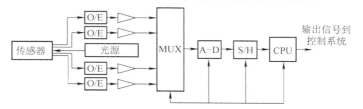

图 3-25 光纤滑觉传感系统框图

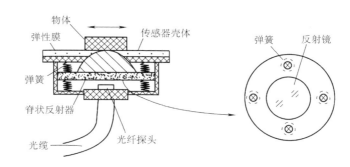

图 3-26 光纤滑觉传感器结构

光纤滑觉传感器结构如图 3-26 所示。传感器壳体中开有一球冠形槽,可使滑球在其中滑动。滑球的一小部分露出并与乳胶膜相接触,滑动物体通过乳胶膜与滑球发生相互作用。滑球中心平面与一个内嵌平面反射镜的刚性圆板固接。该圆板通过 8 个仪表弹簧与传感器壳体相连,构成了该滑觉传感器的弹性恢复系统。

2. 机器人专用滑觉传感器

图 3-27 所示是贝尔格莱德大学研制的球形机器人专用滑觉传感器。它由一个金属球和触针组成,金属球表面分别间隔地排列着许多导电和绝缘小格。触针头很细,每次只能触及一个格。当工件滑动时,金属球也随之转动,在触针上输出脉冲信号。脉冲信号的频率反映了滑移速度,脉冲信号的个数对应滑移的距离。接触器触头面积小于球面上露出的导体面积,它不仅可做得很小,而且可检测灵敏度。球与握持的物体相接触,无论滑动方向如何,只要球一转动,传感器就会产生脉冲输出。该球体在冲击力作用下不转动,因

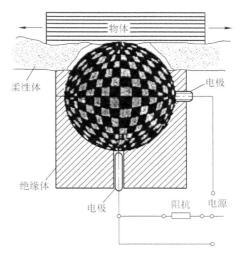

图 3-27 球形机器人专用滑觉传感器

此抗干扰能力强。

3.4.9　机器人视觉传感器

1. 人的视觉

人的眼睛是由含有感光细胞的视网膜和作为附属结构的折光系统等部分组成的。人眼的适宜刺激波长是 370～740nm 的电磁波。在这个可见光谱的范围内，人脑通过接收来自视网膜的传入信息，可以分辨出视网膜像的不同亮度和色泽，因而可以看清视野内发光物体或反光物体的轮廓、形状、颜色、大小、远近和表面细节等情况。人眼视网膜上有两种感光细胞：视锥细胞主要感受白天的景象；视杆细胞感受夜间景象。人的视锥细胞大约有 700 多万个。

2. 机器人视觉

机器人的视觉系统通常是利用光电传感器构成的。机器人视觉作用的过程如图 3-28 所示。

机器人视觉系统要能达到实用，至少要满足实时性、可靠性、有柔性和价格适中这几方面的要求。

机器人传感器应用的条件是：在空间中判断物体的位置和形状一般需要距离信息和明暗信息两类信息；获得距离信息的方法可以有超声波、激

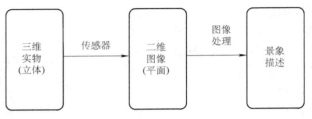

图 3-28　机器人视觉作用的过程

光反射法、立体摄像法等；明暗信息主要靠电视摄像机、CCD 固态摄像机来获得。

3. 机器人视觉传感器

（1）人工网膜

人工网膜是用光电管阵列代替网膜感受光信号。其最简单的形式是 3×3 的光电管矩阵，多的可达 256×256 像素的阵列甚至更高。

以 3×3 阵列为例：数字字符 1，得到的正、负像如图 3-29 所示；大写字母字符 I，所得正、负像如图 3-30 所示。事先将其作为标准图像存储起来。工作时得到数字字符 1 的输入，其正、负像可与已存储的 1 和 I 的正、负像进行比较。结果见表 3-1。

图 3-29　数字字符 1 的正、负像　　　　　图 3-30　大写字符 I 的正、负像

表 3-1　比较结果

相关值	与 1 比较	与 I 比较
正像相关值	3	3
负像相关值	6	2
总相关值	9	5

在两者比较中，是 1 的总相关值是 9，等于阵列中光电管的总数。这表示所输入的图像信息与预先存储的图像数字字符 1 的信息是完全一致的。由此可判断输入的字符是数字字符

1，不是大写字母字符 I，也不是其他字符。

（2）光电探测器件

最简单的光探测器是光电管和光敏二极管。固态探测器件可以排列成线性阵列和矩阵阵列，使之具有直接测量或摄像的功能。目前，在机器人视觉中采用的非接触测试的固态阵列以 CCD 器件占多数。单个线性阵列已达到 4096 单元，CCD 面阵已达到 512×512 及更高。利用 CCD 器件制成的固态摄像机有较高的几何精度、更大的光谱范围、更高的灵敏度和扫描速率，并且结构尺寸小、功耗小、耐久可靠。

3.4.10　听觉、嗅觉传感器

1. 人的听觉

人的听觉的外周感受器官是耳，耳的适宜刺激是一定频率范围内的声波振动。科蒂器官和其中所含的毛细胞，是真正的声音感受装置。听神经纤维就分布在毛细胞下方的基底膜中，对声音信息进行编码，传送到大脑皮层的听觉中枢，产生听觉。

2. 机器人的听觉

从应用的目的来看，可以分为两大类：

1）发声人识别系统。

2）语义识别系统。机器人听觉系统中的听觉传感器的基本形态与传声器相同，多为利用压电效应、磁电效应等。识别系统借助于计算机技术和语言学编制的计算机软件。

3. 人的嗅觉

人的嗅觉感受器是位于上鼻道及鼻中隔后上部的嗅上皮，两侧总面积约 $5 \mathrm{cm}^2$。嗅上皮含有 3 种细胞，即主细胞、支持细胞和基底细胞。不同性质的气味刺激有其相对专用的感受位点和传输线路。非基本的气味则由它们在不同线路上引起的不同数量冲动的组合，在中枢引起特有的主观嗅觉感受。

4. 机器人的嗅觉

嗅觉传感器主要是采用气体传感器、射线传感器等。机器人的嗅觉传感器主要用于：

- 检测空气中的化学成分、浓度。
- 检测放射线、可燃气体及有毒气体。
- 了解环境污染、预防火灾和毒气泄漏报警。

3.5　多传感器信息融合

传感器信息融合又称数据融合，是对多种信息的获取、表示及其内在联系进行综合处理和优化的技术。传感器信息融合技术从多信息的视角进行处理及综合，得到各种信息的内在联系和规律，从而剔除无用的和错误的信息，保留正确的和有用的成分，最终实现信息的优化。它也为智能信息处理技术的研究提供了新的观念。

1. 定义

将经过集成处理的多传感器信息进行合成，形成一种对外部环境或被测对象某一特征的表达方式。单一传感器只能获得环境或被测对象的部分信息段，而多传感器信息经过融合后能够完善地、准确地反映环境的特征。经过融合后的传感器信息具有信息冗余性、信息互补性、信息实时性、信息获取的低成本性等特征。

2. 信息融合的核心

1）信息融合是在几个层次上完成对多源信息的处理过程，其中各个层次都表示不同级别的信息抽象。

2）信息融合处理包括探测、互联、相关、估计以及信息组合。

3）信息融合包括较低层次上的状态和身份估计，以及较高层次上的整个战术态势估计。

3. 多传感器信息融合过程

图 3-31 所示为典型的多传感器信息融合过程框图。

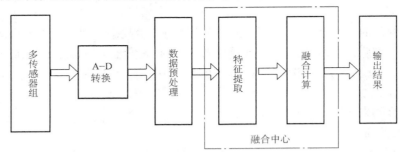

图 3-31　多传感器信息融合过程框图

4. 信息融合的分类

（1）组合

组合是由多个传感器组合成平行或互补方式来获得多组数据输出的一种处理方法，是一种最基本的方式，涉及的问题有输出方式的协调、综合以及传感器的选择，在硬件这一级上应用。

（2）综合

综合是信息优化处理中的一种获得明确信息的有效方法。例如在虚拟现实技术中，使用两个分开设置的摄像机同时拍摄到一个物体的不同侧面的两幅图像，综合这两幅图像可以复原出一个准确的有立体感的物体的图像。

（3）融合

融合是当将传感器数据组之间进行相关或将传感器数据与系统内部的知识模型进行相关，而产生信息的一个新的表达式。

（4）相关

通过处理传感器信息获得某些结果，不仅需要单项信息处理，而且需要通过相关来进行处理，获悉传感器数据组之间的关系，从而得到正确信息，剔除无用和错误的信息。

相关处理的目的是对识别、预测、学习和记忆等过程的信息进行综合和优化。

5. 信息融合的结构

信息融合的结构分为串联、并联和混合 3 种，如图 3-32 所示。

C_1，C_2，…，C_n 表示 n 个传感器；S_1，S_2，…，S_n 表示来自各个传感器信息融合中心的数据；Y_1，Y_2，…，Y_n 表示融合中心。

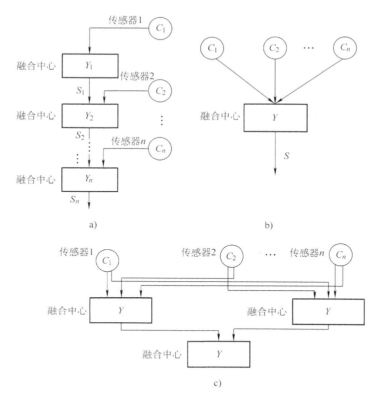

图 3-32　信息融合的结构
a) 串联形式　b) 并联形式　c) 混合形式

6. 融合方法

融合处理方法是将多维输入数据根据信息融合的功能，在不同融合层次上采用不同的数学方法，对数据进行综合处理，最终实现融合。多传感器信息融合的数学方法很多，常用的方法可概括为概率统计方法和人工智能方法两大类。与概率统计有关的方法包括估计理论、卡尔曼滤波、假设检验、贝叶斯方法、统计决策理论以及其他变形的方法；而人工智能类则有模糊逻辑理论、神经网络、粗集理论和专家系统等。

7. 多信息融合的典型应用

信息融合的重要应用领域为机器人，目前主要应用在移动机器人和遥控操作机器人上，因为这些机器人工作在动态、不确定与非结构化的环境中，这些高度不确定的环境要求机器人具有高度的自治能力和对环境的感知能力，采用多传感器信息融合技术可以使机器人具有感知自身状态和外部环境的能力。实践证明，采用单个传感器的机器人不具有完整、可靠地感知外部环境的能力。

智能机器人应采用多个传感器，并利用这些传感器的冗余和互补的特性来获得机器人外部环境动态变化的、比较完整的信息，并对外部环境变化作出实时的响应。

移动机器人主要利用距离传感器（如声纳、超声波、激光等测距传感器）、视觉（如手眼视觉、场景视觉、立体视觉、主动视觉等）、触觉、滑觉、热觉、接近觉、力与力矩等多种传感器以实现如下的功能：机器人自定位、环境建模、地图与世界模型的建立、导航、避障或障碍物检测、路径规划或任务规划等。

如图 3-33 所示为多传感器信息融合自主移动装配机器人。

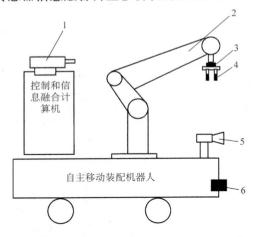

图 3-33　多传感器信息融合自主移动装配机器人
1—激光测距传感器　2—装配机械手
3—力觉传感器　4—触觉传感器　5—视觉传感器
6—超声波传感器

小　结

本章主要对机器人常用的传感器的基本分类、功能要求及选择条件等做了简单介绍；并对机器人的内部传感器、外部传感器的工作原理，常用类型做了介绍；重点介绍了机器人常用的几种典型内部传感器和外部传感器的原理及应用；最后介绍了多传感器信息融合技术的概念、分类、结构形式和发展趋势。

思　考　题

3.1　试述机器人常用传感器的分类。

3.2　机器人的内部和外部传感器的作用各是什么？包括哪些传感器？

3.3　常用的机器人位移测量传感器有哪些？基本原理是什么？

3.4　机器人力觉传感器包含哪几种？都有什么形式？

3.5　什么是多传感器信息融合？它的核心是什么？

3.6　举例说明机器人的多传感器信息融合的应用。

第4章　机器人的驱动系统

4.1　机器人的驱动方式

4.1.1　机器人驱动方式概述

驱动系统是机器人结构中的重要部分。驱动器在机器人中的作用相当于人体的肌肉。如果把臂部以及关节想象为机器人的骨骼，那么驱动器就起肌肉的作用，移动或转动连杆可改变机器人的构型。驱动器必须有足够的功率对连杆进行加/减速并带动负载，同时，驱动器必须轻便、经济、精确、灵敏、可靠且便于维护。

驱动系统的选择和设计是至关重要的。常见的机器人驱动系统有电气驱动系统、液压驱动系统（或二者结合的电液伺服驱动系统）和气压驱动系统，现在又出现了许多新型的驱动器。

1. 液压驱动的特点及应用

（1）液压驱动系统的优点

机器人的驱动系统采用液压驱动，有以下几个优点：

1）液压容易达到较高的单位面积压力（常用油压为 $25 \sim 63 kg/cm^2$），体积较小，可以获得较大的推力或转矩。

2）液压系统介质的可压缩性小，工作平稳可靠，并可得到较高的位置精度。

3）液压传动中，力、速度和方向比较容易实现自动控制。

4）液压系统采用油液作介质，具有防锈性和自润滑性能，可以提高机械效率，使用寿命长。

（2）液压驱动系统的不足之处

1）油液的黏度随温度的变化而变化，影响工作性能，高温容易引起燃烧爆炸等危险。

2）液体的泄漏难于克服，要求液压元件有较高的精度和质量，故造价较高。

3）需要相应的供油系统，尤其是电液伺服系统要求严格的滤油装置，否则会引起故障。

（3）液压驱动系统的应用

液压驱动方式的输出力和功率更大，能构成伺服机构，常用于大型机器人关节的驱动。

2. 气压驱动系统的特点及应用

（1）气压驱动系统的优点

气压驱动与机械、电气、液压驱动相比，有以下优点：

1）以空气为工作介质，不仅易于取得，而且用后可直接排入大气，处理方便，也不污染环境。

2）因空气的黏度很小（约为油的万分之一），在管道中流动时的能量损失很小，因而便于集中供气和远距离输送，气动动作迅速，调节方便，维护简单，不存在介质变质及补充等问题。

3）工作环境适应性好，无论在易燃、易爆、多尘埃、强磁、辐射、振动等恶劣环境中，还是在食品加工、轻工、纺织、印刷、精密检测等高净化、无污染场合，都具有良好的适应性，且工作安全可靠，过载时能自动保护。

4）气动元件结构简单，成本低，寿命长，易于实现标准化、系列化和通用化。

（2）气压驱动系统的缺点

气压传动与机械、电气、液压传动相比，有以下缺点：

1）由于空气具有较大的可压缩性，因而运动平稳性较差。

2）因工作压力低（一般为 0.3 ~ 1MPa），不易获得较大的输出力或力矩。

3）有较大的排气噪声。

4）由于湿空气在一定的温度和压力条件下能在气动系统的局部管道和气动元件中凝结成水滴，故易促使气动管道和气动元件腐蚀和生锈，导致气动系统工作失灵。

（3）气压驱动系统的应用

气压驱动多用于开关控制和顺序控制的机器人中。

3. 电气驱动系统的特点及应用

电气驱动是利用各种电动机产生力和力矩，直接或经过减速机构去驱动机器人的关节，从而获得机器人的位置、速度和加速度。因省去中间的能量转换过程，因此比液压和气压驱动的效率高，且具有无环境污染、易于控制、运动精度高、成本低等优点，其应用最广泛。

电动机驱动可分为普通交流电动机驱动，交、直流伺服电动机驱动和步进电动机驱动。

1）普通交、直流电动机驱动需加减速装置，输出力矩大，但控制性能差，惯性大，适用于中型或重型机器人。伺服电动机和步进电动机输出力矩相对小，控制性能好，可实现速度和位置的精确控制，适用于中小型机器人。

2）交、直流伺服电动机一般用于闭环控制系统，而步进电动机则主要用于开环控制系统，一般用于速度和位置精度要求不高的场合。功率在 1kW 以下的机器人多采用电动机驱动。

3）电动机使用简单，且随着材料性能的提高，电动机性能也逐渐提高。所以总的看来，目前机器人关节驱动逐渐为电动机驱动所代替。

4. 几种驱动方式的性能比较（表 4-1）

表 4-1　几种驱动方式性能比较

驱动方式	液压驱动	气压驱动	电气驱动
输出功率	很大，压力范围为 50 ~ 140N/cm²	大，压力范围为 48 ~ 60N/cm²，最大可达 100N/cm²	较大
控制性能	利用液体的不可压缩性，控制精度较高，输出功率大，可无级调速，反应灵敏，可实现连续轨迹控制	气体压缩性大，精度低，阻尼效果差，低速不易控制，难以实现高速、高精度的连续轨迹控制	控制精度高，功率较大，能精确定位，反应灵敏，可实现高速、高精度的连续轨迹控制，伺服特性好，控制系统复杂

（续）

驱动方式	液压驱动	气压驱动	电气驱动
响应速度	很高	较高	很高
结构性能及体积	结构适当，执行机构可标准化、模拟化，易实现直接驱动。功率与质量比大，体积小，结构紧凑，密封问题较大	结构适当，执行机构可标准化、模拟化，易实现直接驱动。功率与质量比大，体积小，结构紧凑，密封问题较小	伺服电动机易于标准化，结构性能好，噪声低，电动机一般需配置减速装置，除 DD 电动机外，难以直接驱动，结构紧凑，无密封问题
安全性	防爆性能较好，用液压油作传动介质，在一定条件下有火灾危险	防爆性能好，高于 1000kPa（10 个大气压）时应注意设备的抗压性	设备自身无爆炸和火灾危险，直流有刷电动机换向时有火花，对环境的防爆性能较差
对环境的影响	液压系统易漏油，对环境有污染	排气时有噪声	无
在工业机器人中的应用范围	适用于重载、低速驱动，电液伺服系统适用于喷涂机器人、点焊机器人和托运机器人	适用于中小负载驱动、精度要求较低的有限点位程序控制机器人，如冲压机器人本体的气动平衡及装配机器人的气动夹具	适用于中小负载、要求具有较高的位置控制精度和轨迹控制精度、速度较高的机器人，如 AC 伺服喷涂机器人、点焊机器人、弧焊机器人、装配机器人等
效率与成本	效率中等（0.3 ~ 0.6），液压元件成本较高	效率低（0.15 ~ 0.2），气源方便，结构简单，成本低	效率较高（0.5 左右），成本高
维修及使用	方便，但油液对环境温度有一定要求	方便	较复杂

4.1.2　驱动系统的性能

1. 刚度和柔性

刚度是材料对抗变形的阻抗，它可以是梁在负载作用下抗弯曲的刚度，或气缸中气体在负载作用下抗压缩的阻抗，甚至是瓶中的酒在木塞作用下抗压缩的阻抗。系统的刚度越大，则使它变形所需的负载也越大；相反，系统柔性越大，则在负载作用下就越容易变形。

刚度直接和材料的弹性模量有关，液体的弹性模量高达 $2 \times 10^9 N/m^2$ 左右，这是非常高的。因此，液压系统刚性很好，没有柔性，相反气动系统很容易压缩，所以是柔性的。

刚性系统对变化负载和压力的响应很快，精度较高。显然，如果系统是柔性的，则在变化负载或变化的驱动力作用下很容易变形（或压缩），因此不精确。类似地，若有小的驱动力作用在液压活塞上，由于它的刚度高，所以和气动系统相比，它反应速度快、精度高，而气动系统在同样的载荷作用下则可能发生变形。另外，系统刚度越高，则在负载作用下的弯曲或变形就越小，所以位置保持的精度便越高。现在考虑用机器人将集成电路片插入集成板，如果系统没有足够的刚度，那么机器人就不能够将集成电路片插入电路板，因为驱动器在阻力作用下会变形。另一方面，如果零件和孔对得不直，则刚性系统就不能有足够的弯曲来防止机器人或零件损坏，而柔性系统将通过弯曲变形来防止机器人或零件损坏。所以，虽然高的刚度可以使系统反应速度快、精度高，但如果不是正常使用，它也会带来危险。所以，在这两个相互矛盾的性能之间必须进行平衡。

2. 重量、功率重量比和工作压强

驱动系统的重量以及功率重量比至关重要。电子系统的功率重量比属中等水平。在同样功率情况下，步进电动机通常比伺服电动机要重，因此它具有较低的功率重量比。电动机的电压越高，功率重量比越高。气动功率重量比最低，而液压系统具有最高的功率重量比。但必须认识到，在液压系统中，重量由两部分组成：一部分是液压驱动器；另一部分是液压功率源。系统的功率单元由液压泵储液箱过滤器驱动液压泵的电动机冷却单元阀等组成，其中液压泵用于产生驱动液压缸和活塞的高压。驱动器的作用仅在于驱动机器人关节。通常，功率源是静止的，安装在和机器人有一定距离的地方，能量通过连接软管输送给机器人。因此对活动部分来说，液压缸的实际功率重量比非常高。功率源非常重，并且不活动，在计算功率重量比时忽略不计。如果功率源必须和机器人一起运动，则总功率重量比也将会很低。

由于液压系统的工作压强高，所以相应的功率也大，液压系统的压强范围是 379 ~ 34475kPa。气缸的压强范围是 689.5 ~ 827.4kPa。液压系统的工作压强越高，功率越大，但维护也越困难，并且一旦发生泄漏将更加危险。

4.1.3　驱动系统的驱动方式

驱动系统的驱动方式分为直线驱动方式和旋转驱动方式两种。

1. 直线驱动方式

机器人采用的直线驱动包括直角坐标机构的 X、Y、Z 向驱动、圆柱坐标结构的径向驱动和垂直升降驱动，以及球坐标结构的径向伸缩驱动。直线运动可以直接由气缸或液压缸和活塞产生，也可以采用齿轮齿条、丝杠、螺母等传动方式把旋转运动转换成直线运动。

2. 旋转驱动方式

多数普通电动机和伺服电动机都能够直接产生旋转运动，但其输出力矩比所需要的力矩小，转速比所需要的转速高。因此，需要采用各种传动装置把较高的转速转换成较低的转速，并获得较大的力矩。有时也采用直线液压缸或直线气缸作为动力源，这就需要把直线运动转换成旋转运动。这种运动的传递和转换必须高效率地完成，并且不能有损于机器人系统所需要的特性，特别是定位精度、重复精度和可靠性。运动的传递和转换可以选择齿轮链传动、同步带传动和谐波齿轮等传动方式。

由于旋转驱动具有旋转轴强度高、摩擦小、可靠性好等优点，故在结构设计中应尽量多采用。但是在行走机构关节中，完全采用旋转驱动实现关节伸缩有如下缺点：

1）旋转运动虽然也能通过转化得到直线运动，但在高速运动时，关节伸缩的加速度不能忽视，它可能产生振动。

2）为了提高着地点选择的灵活性，还必须增加直线驱动系统。因此有许多情况采用直线驱动更为合适。直线气缸仍是目前所有驱动装置中最廉价的动力源，凡能够使用直线气缸的地方，还是应该选用它。有些要求精度高的地方也要选用直线驱动。

4.2　液压驱动系统

在机器人的发展过程中，液压驱动是较早被采用的驱动方式。世界上首先问世的商品化机器人尤尼美特就是液压机器人。液压驱动主要用于中大型机器人和有防爆要求的机器人（如喷漆机器人）。

4.2.1　液压伺服系统的组成和特点

1. 液压伺服系统的组成

液压伺服系统由液压源、驱动器、伺服阀、传感器和控制器等组成，如图 4-1 所示。通过这些元器件的组合，组成反馈控制系统驱动负载。液压源产生一定的压力，通过伺服阀控制液体的压力和流量，从而驱动驱动器。位置指令与位置传感器的差被放大后得到电气信号，然后将其输入伺服阀中驱动液压执行器，直到偏差为零为止。若传感器信号与位置指令相同，则负荷停止运动。

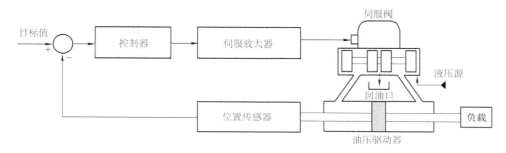

图 4-1　液压伺服系统组成

2. 液压伺服系统的工作特点

1）在系统的输出和输入之间存在反馈连接，从而组成闭环控制系统。反馈介质可以是机械的、电气的、气动的、液压的或它们的组合形式。

2）系统的主反馈是负反馈，即反馈信号与输入信号相反，用两者相比较得到的偏差信号控制液压能源，输入到液压元器件的能量，使其向减小偏差的方向移动。

3）系统的输入信号的功率很小，而系统的输出功率可以达到很大，因此它是一个功率放大装置，功率放大所需的能量由液压能源供给，供给能量的控制是根据伺服系统偏差大小自动进行的。

4.2.2　电液伺服系统

1. 电液伺服系统的组成

电液伺服系统通过电气传动方式，用电气信号输入系统来操纵有关的液压控制元件动作，控制液压执行元器件，使其跟随输入信号而动作。这类伺服系统中，电液两部分都采用电液伺服阀作为转换元器件。

图 4-2 所示为机械手手臂伸缩运动的电液伺服系统原理图。其具体工作过程如下：

当数控装置发出一定数量的脉冲时，步进电动机就会带动电位器的动触头转动。假设此时顺时针转过一定的角度 β，这时电位器输出电压为 u，经放大器放大后输出电流 i，使电液伺服阀产生一定的开口量。这时，电液伺服阀处于左位，压力油进入液压缸左腔，活塞杆右移，带动机械手手臂右移，液压缸右腔的油液经电液伺服阀返回油箱。此时，机械手手臂上的齿条带动齿轮也顺时针移动，当其转动角度 $\alpha = \beta$ 时，动触头回到电位器的中位，电位器输出电压为零，相应放大器输出电流为零，电液伺服阀回到中位，液压油路被封锁，手臂即停止运动。当数控装置发出反向脉冲时，步进电动机逆时针方向转动，和前面正好相反，机械手就会手臂缩回。

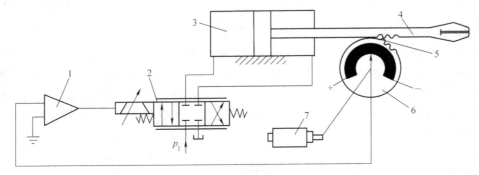

图 4-2　机械手手部伸缩电液伺服系统原理图
1—电放大器　2—电液伺服阀　3—液压缸　4—机械手手臂
5—齿轮齿条机构　6—电位器　7—步进电动机

图 4-3 所示为机械手手臂伸缩运动伺服系统框图。

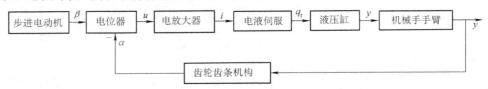

图 4-3　机械手手臂伸缩运动伺服系统框图

2. 电液伺服阀的工作原理

图 4-4 所示为喷嘴挡板式电液伺服阀的工作原理图。喷嘴挡板式电液伺服由电磁和液压两部分组成：电磁部分是一个动铁式力矩马达；液压部分为两级，第一级是双喷嘴挡板阀，称前置级（先导级）；第二级是四边滑阀，称功率放大级（主阀）。

（1）工作原理

阀两端容腔可被看做是驱动滑阀的对称油缸，由先导级的双喷嘴挡板阀控制。挡板 5 的下部延伸一个反馈弹簧杆 11，并通过一钢球与滑阀 9 相连。主阀位移通过反馈弹簧杆转化为弹性变形力作用在挡板上与电磁力矩相平衡（即力矩比较）。当线圈 13 中没有电流通过时，力矩马达无力矩输出，挡板 5 处于两喷嘴中间位置。当线圈通入电流后，衔铁 3 因受到电磁力矩的作用偏转角度 θ，由于衔铁固定在弹簧管 12 上，这时，弹簧管上的挡板也偏转相应的角度 θ，使挡板与两喷嘴的间隙改变，如果右面间隙增加，左喷嘴腔内压力升高，右腔压力降低，滑阀 9 在此压差作用下右移。由于挡板的下端是反馈弹簧杆 11，反馈弹簧杆下端是球头，球头嵌放在滑阀 9 的凹槽内，在滑阀移动的同时，球头通过反馈弹簧杆带动上部的挡板一起向右移动，使右喷嘴与挡板的间隙逐渐减小。当作用在衔铁—挡板组件上的电磁力矩与作用在挡板下端因球头移动而产生的反馈弹簧杆的变形力矩（反馈力）达到平衡时，滑阀便不再移动，并使其阀口一直保持在这一开度上。该阀通过反馈弹簧杆的变形将主阀芯位移反馈到衔铁-挡板组件上与电磁力矩进行比较而构成反馈,故称力反馈式电液伺服阀。

通过线圈的控制电流越大,使衔铁偏转的转矩、挡板挠曲变形、滑阀两端的压差以及滑阀的位移量越大,伺服阀输出的流量也就越大。

(2) 前置级工作原理

由双喷嘴挡板阀构成的前置级如图 4-5 所示,它由两个固定节流孔、两个喷嘴和 1 个挡板组成。两个对称配置的喷嘴共用一个挡板,挡板和喷嘴之间形成可变节流口,挡板一般由扭轴或弹簧支承,且可绕支点偏转,挡板由力矩马达驱动。当挡板上没有作用输入信号时,挡板处于中间位置——零位,与两喷嘴之距均为 x_0,此时两喷嘴控制腔的压力 p_1 与 p_2 相等。当挡板转动时,两个控制腔的压力一边升高,另一边降低,就有负载压力 p_L($p_L = p_1 - p_2$)输出。双喷嘴挡板阀有 4 个通道(1 个供油口,1 个回油口和两个负载口),有 4 个节流口(两个固定节流孔和两个可变节流孔),是一种全桥结构。

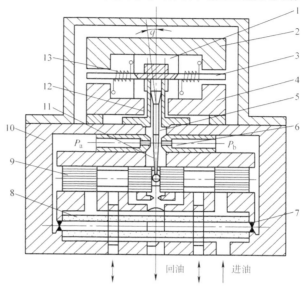

图 4-4　喷嘴挡板式电液伺服阀的工作原理图

1—永久磁铁　2、4—导磁体　3—衔铁　5—挡板　6—喷嘴　7—固定节流孔　8—滤油器　9—滑阀　10—阀体　11—反馈弹簧杆　12—弹簧管　13—线圈

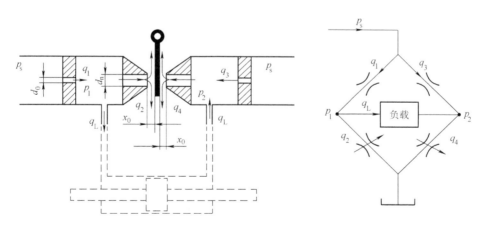

图 4-5　由双喷嘴挡板阀构成的前置级

(3) 喷嘴挡板阀特点

喷嘴挡板阀的优点是结构简单,加工方便,运动部件惯性小,反应快,精度和灵敏度高;缺点是无功损耗大,抗污染能力较差。喷嘴挡板阀常用做多级放大伺服控制元件中的前置级。

4.2.3　电液比例控制阀

电液比例控制阀是一种按输入的电气信号连续地、按比例地对油液的压力、流量或方向进行远距离控制的阀。与手动调节的普通液压阀相比,电液比例控制阀能够提高液压系统参数的控制水平；与电液伺服阀相比，电液比例控制阀在某些性能方面稍差一些，但它结构简单、成本低，所以它广泛应用于要求对液压参数进行连续控制或程序控制，但对控制精度和动态特性要求不太高的液压系统中。

电液比例控制阀的构成，从原理上讲相当于在普通液压阀上装上一个比例电磁铁以代替原有的控制（驱动）部分。根据用途和工作特点的不同，电液比例控制阀可以分为电液比例压力阀（如比例溢流阀、比例减压阀等）、电液比例流量阀（如比例调速阀）和电液比例方向节流阀3大类。下面分别介绍比例电磁铁和其中两种电流比例控制阀、电液比例压阀及电液比例方向节流阀。

1. 比例电磁铁

比例电磁铁是一种直流电磁铁，与普通换向阀用电磁铁的不同主要在于，比例电磁铁的输出推力与输入的线圈电流基本成比例。这一特性使比例电磁铁可作为液压阀中的信号给定元件。图4-6所示为比例电磁铁结构图。

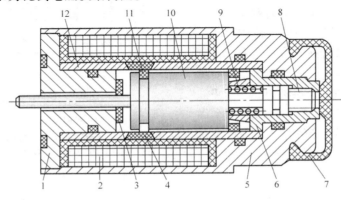

图4-6　比例电磁铁结构图

1—轭铁　2—线圈　3—限位环　4—隔磁环　5—壳体　6—内盖　7—盖
8—调节螺钉　9—弹簧　10—衔铁　11—（隔磁）支承环　12—导向套

普通电磁换向阀所用的电磁铁只要求有吸合和断开两个位置，并且为了增加吸力，在吸合时磁路中几乎没有气隙。而比例电磁铁则要求吸力（或位移）和输入电流成比例，并在衔铁的全部工作位置上，磁路中保持一定的气隙。

2. 电液比例溢流阀

电液比例溢流阀是电液比例压力阀的一种。

用比例电磁铁取代先导型溢流阀导阀的手调装置（调压手柄），便成为先导型比例溢流阀，如图4-7所示。

电液比例溢流阀下部与普通溢流阀的主阀相同，上部则为比例先导压力阀。电液比例溢流阀还附有一个手动调整的安全阀（先导阀）9，用以限制比例溢流阀的最高压力，以避免因电子仪器发生故障使得控制电流过大，压力超过系统允许最大压力。比例电磁铁的推杆向先导阀芯施加推力 $F_指$ 与 F_P 的差值，该推力作为先导级压力负反馈的指令信号。随着输入电信号强度的变化，比例电磁铁的电磁力将随之变化，从而改变指令力 P 的大小，使锥阀的开启压力随输入信号的变化而变化。若输入信号连续地、按比例地或按一定程序变化，则比例溢流阀所调节的系统压力也连续地、按比例地或按一定程序进行变化。因此比例溢流阀多用于系统的多级调压或实现连续的压力控制。直动型比例溢流阀作先导阀与其他普通的压力阀的主阀相配，便可组成先导型比例溢流阀、比例顺序阀和比例减压阀。图 4-8 所示为先导型比例溢流阀的工作原理简图。其中 2、4、7、9 所指的内容同图 4-7。

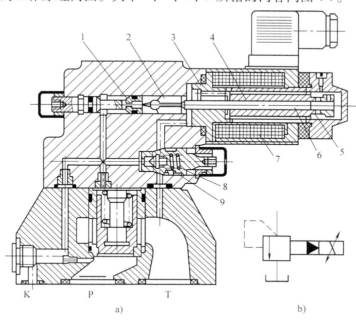

a)　　　　　　　　　　　　　　　b)

图 4-7　比例溢流阀的结构及图形符号

a）结构图　b）符号

1—阀座　2—先导锥阀　3—轭铁　4—衔铁　5—弹簧

6—推杆　7—线圈　8—弹簧　9—先导阀

3. 比例方向节流阀

用比例电磁铁取代电磁换向阀中的普通电磁铁，便构成直动型比例方向节流阀。由于使用了比例电磁铁，阀芯不仅可以换位，而且换位的行程可以连续地或按比例地变化，因而连通油口间的通流面积也可以连续地或按比例地变化，所以比例方向节流阀不仅能控制执行元器件的运动方向，而且能控制其速度。

部分比例电磁铁前端还附有位移传感器（或称差动变压器），这种比例电磁铁称为行程控制比例电磁铁。位移传感器能准确地测定电磁铁的行程，并向放大器发出电反馈信号。电放大器将输入信号和反馈信号加以比较后，再向电磁铁发出纠正信号以补偿误差，因此阀芯位置的控制更加精确。

图 4-9 所示为带位移传感器的直动型

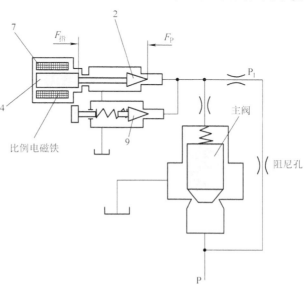

图 4-8　先导型比例溢流阀的工作原理简图

比例方向节流阀。

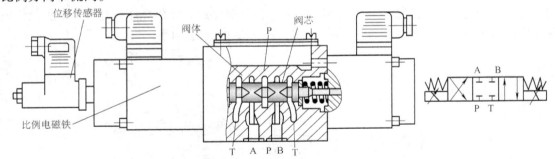

图 4-9　带位移传感器的直动型比例方向节流阀

P—进油口　T—出油口　A、B—工作油口

4.2.4　摆动缸

摆动缸，即摆动式液压缸，也称摆动马达。当它通入压力油时，它的主轴输出小于 360°的摆动运动。

图 4-10a 所示为单叶片式摆动缸，它的摆动角度较大，可达 300°，当摆动缸进出油口压力为 p_1 和 p_2，输入流量为 q 时，它的输出转矩 T 和角速度 ω 为

$$T = b \int_{R_1}^{R_2} (p_1 - p_2) r \mathrm{d}r = \frac{b}{2}(R_1^2 - R_2^2)(p_1 - p_2) \tag{4-1}$$

$$\omega = 2\pi n = \frac{2q}{b(R_2^2 - R_1^2)} \tag{4-2}$$

式中　b——叶片的宽度；

R_1、R_2——叶片底部、顶部的回转半径。

图 4-10b 所示为双叶片式摆动缸，它的摆动角度和角速度为单叶片式的一半，而输出角度是单叶片式的 2 倍。

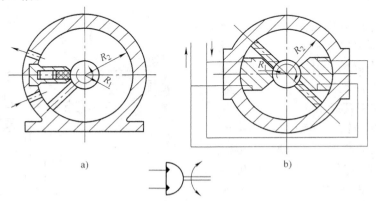

图 4-10　双叶片式摆动缸

4.3　气压驱动系统

气压驱动的结构简单、清洁、动作灵敏，具有缓冲作用。但与液压驱动器相比，功率较

小、刚度差、噪声大、速度不易控制，所以多用于精度不高的点位控制机器人。

4.3.1　气压驱动回路

1. 气压驱动回路的组成

气压驱动回路主要由气源装置、执行元器件、控制元器件及辅助元器件 4 部分组成。

2. 气压驱动回路工作原理

图 4-11 所示为典型的气压驱动回路——气动剪切机系统的工作原理图。

当工料由上料装置（图中未画出）送入剪切机并到达规定位置，将行程阀的按钮压下后，换向阀的控制腔通过行程阀与大气相通，使换向阀阀芯在弹簧力的作用下向下移动。由空气压缩机产生并经过初次净化处理后储藏在储气罐中的压缩空气，经过分水滤气器、减压阀和油雾器以及换向阀，进入气缸的上腔。气缸下腔的压缩空气通过换向阀排入大气。这时，气缸活塞在气压力的作用下向下运动，带动剪刀将工料切断。工料剪下后，随即与行程阀脱开，行程阀复位，阀芯将排气通道封死，换向阀的控制腔中的气压升高，迫使换向阀的阀芯上移，气路换向。压缩空气进入气缸的下腔，气缸的上腔排气，气缸活塞向上运动，带动剪刀复位，准备第二次下料。由此不难看出，剪切机构克服阻力切断工料的机械能是由压缩空气的压力能转换后得到的。同时由于在气路中设置了换向阀，根据行程阀的指令不断改变压缩空气的通路，使气缸活塞带动剪切机构实现剪切工料、剪刃复位的动作。此外，还可根据实际需要，在气路中加入流量控制阀或其他调速装置，控制剪切机构的运动速度。

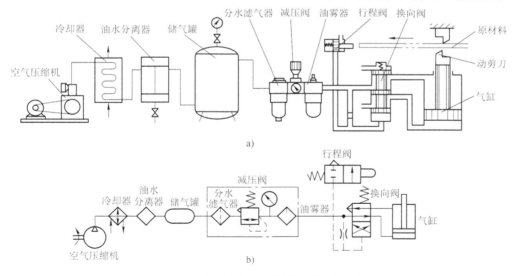

图 4-11　气动剪切机系统的工作原理图
a）结构原理图　b）图形符号图

4.3.2　气源装置

气源装置由两部分组成：一部分是空气压缩机把大气压状态下的空气升压提供给气压传动系统；另一部分是气源净化装置将空气压缩机所提供的含有大量杂质的压缩空气进行净化。

1. 空气压缩机

空气压缩机按其压力大小分为低压（0.2~1.0MPa）、中压（1.0~10MPa）、高压（大于 10MPa）3 类；按工作原理分为容积式（通过缩小单位质量气体体积的方法获得压力）和速度式（通过提高单位质量气体的速度并使动能转化为压力能来获得压力）。

常见容积式空气压缩机按其结构分为活塞式、叶片式和螺杆式，其中最常用的是活塞式；常见的速度式空气压缩机按结构分为离心式、轴流式和混流式等。

容积式是周期地改变气体容积的方法，即通过缩小气体的体积，使单位体积内的气体分子的密度增加，形成压缩空气；而速度式则是先让气体分子得到一个很高的速度，然后又让它停滞下来，将动能转化为静压能，使其他的压力提高。

图 4-12 所示为往复活塞式空气压缩机工作原理图，其工作过程如下：

1）当活塞 3 向右运动时，左腔压力低于大气压力，吸气阀 9 被打开，空气在大气压力作用下进入气缸 2 内，这个过程称为"吸气过程"。

2）当活塞向左移动时，吸气阀 9 在缸内压缩气体的作用下关闭，缸内气体被压缩，这个过程称为"压缩过程"。

3）当气缸内空气压力增高到略高于输气管内压力后，排气阀 1 被打开，压缩空气进入输气管道，这个过程称为"排气过程"。

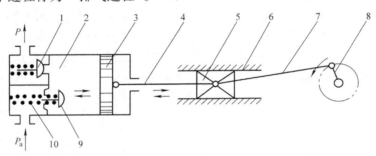

图 4-12　往复活塞式空气压缩机工作原理图

1—排气阀　2—气缸　3—活塞　4—活塞杆　5、6—十字头与滑道
7—连杆　8—曲柄　9—吸气阀　10—弹簧

2. 气源净化装置

气源净化装置包括后冷却器、油水分离器、储气罐、干燥器、过滤器等。

（1）后冷却器

后冷却器安装在空气压缩机出口处的管道上，它对空气压缩机排出的温度高达 150℃的压缩空气降温，同时使混入压缩空气的水汽和油气凝聚成水滴和油滴，通过后冷却器的气体温度会降到 40~50℃。

后冷却器按结构形式分有蛇管式、列管式、散热片式和管套式；按冷却方式分有风冷式和水冷式。图 4-13 所示为列管式冷却器，图 4-14 所示为套管式冷却器。

（2）油水分离器

油水分离器主要用来压缩空气中凝聚的水分、油分和灰尘等杂质，使压缩空气得到初步净化。其按结构形式分有环形回转式、撞击折回式、离心旋转式、水浴式及以上形式的组合等。

图 4-15 所示为撞击折回式油水分离器，其工作原理如下：

当压缩空气由入口进入分离器壳体后，气流先受到隔板阻挡而被撞击折回向下（见图中箭头所示流向）；之后又上升产生环形回转。这样，凝聚在压缩空气中的油滴、水滴等杂质受惯性力作用而分离析出，沉降于壳体底部，由放水阀定期排出。

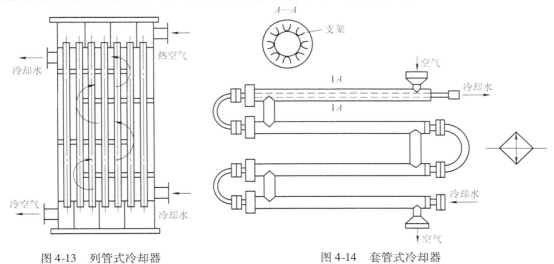

图 4-13　列管式冷却器　　　　　　　　　　　图 4-14　套管式冷却器

（3）储气罐

储气罐的主要作用是：

1）储存一定数量的压缩空气，以备发生故障或临时需要应急使用。

2）消除由于空气压缩机断续排气而对系统引起的压力脉动，保证输出气流的连续性和平稳性。

3）进一步分离压缩空气中的油、水等杂质。

储气罐一般采用圆筒状焊接结构，有立式和卧式两种，以立式居多。图 4-16 所示为立式储气罐结构图，它的高度约为其直径 D 的 2～3 倍，同时应使进气管在下，出气管在上，并尽可能加大两管之间的距离，以利于进一步分离空气中的油水。

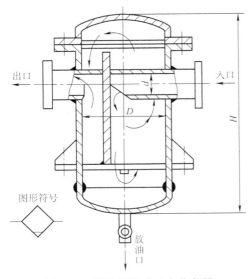

图 4-15　撞击折回式油水分离器

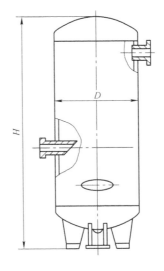

图 4-16　立式储气罐结构图

在选择储气罐的容积 V 时，一般都是以空气压缩机的排气量 Q 为依据选择的。即：

● 当 $Q < 6.0 \text{m}^3/\text{min}$ 时，取 $V = 0.2Q$。

● 当 $Q = 6.0 \sim 30 \text{m}^3/\text{min}$ 时，取 $V = 0.15Q$。

● 当 $Q > 30 \text{m}^3/\text{min}$ 时，取 $V = 0.1Q$。

（4）干燥器

经过后冷却器、油水分离器和储气罐后得到初步净化的压缩空气，以满足一般气压传动的需要。但压缩空气中仍含一定量的油、水以及少量的粉尘。如果用于精密的气动装置、气动仪表等，上述压缩空气还必须进行干燥处理。

压缩空气的干燥方法主要采用吸附法和冷却法。

1）吸附法是利用具有吸附性能的吸附剂（如硅胶铝胶等）来吸附压缩空气中含有的水分，而使其干燥。

2）冷却法是利用制冷设备使空气冷却到一定的露点温度，析出空气中超过饱和水蒸气部分的多余水分，从而达到所需的干燥度。吸附法用得最普通。

图 4-17 所示为吸附式干燥器结构图，其外壳呈筒形，其中分层设置栅板、吸附剂、滤网等。湿空气从 1 进入干燥器，通过吸附剂层 21、钢丝过滤网 20、上栅板 19 和吸附剂层 16 后，因其中的水分被吸附剂吸收而变得很干燥。然后，再经过钢丝过滤网 15、下栅板 14 和钢丝过滤网 12，干燥、洁净的压缩空气便从干燥空气输出管 8 排出。

（5）过滤器

过滤器的作用是进一步滤除压缩空气中的杂质。常用的过滤器有一次性过滤器（也称简易过滤器，滤灰效率为 50% ~ 70%）；二次过滤器（滤灰效率为 70% ~ 99%）。在要求高的特殊场合，还可使用高效率的过滤器。

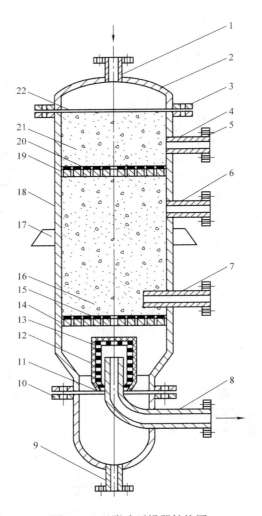

图 4-17　吸附式干燥器结构图

1—湿空气进气管　2—顶盖　3、5、10—法兰
4、6—再生空气排气管　7—再生空气进气管
8—干燥空气输出管　9—排水管　11、22—密
封座　12、15、20—钢丝过滤网　13—毛毡
14—下栅板　16、21—吸附剂层　17—支撑板
18—筒体　19—上栅板

图 4-18 所示为一次性过滤器，气流由切线方向进入筒内，在离心力的作用下分离出液滴，然后气体由下而上通过多片钢板、毛、毡、硅胶、焦炭、滤网等过滤吸附材料，干燥清洁的空气从筒顶输出。

4.3.3　气动驱动器

气缸和气动马达是典型的气动驱动器。

1. 气缸

气缸是气动系统的执行元器件之一。除几种特殊气缸外，普通气缸其种类及结构形式与液压缸基本相同。目前最常选用的是标准气缸，其结构和参数都已系列化、标准化、通用化。

2. 气动马达

气动马达也是气动执行元器件的一种。它的作用相当于电动机或液压马达，即输出力矩，拖动机构做旋转运动。

（1）气动马达的分类

气动马达按结构形式可分为叶片式气动马达、活塞式气动马达和齿轮式气动马达等。最为常见的是活塞式气动马达和叶片式气动马达。叶片式气动马达制造简单、结构紧凑，但低速运动转矩小、低速性能不好，适用于中低功率的机械。活塞式气动马达在低速情况下有较大的输出功率，它的低速性能好，适宜于载荷较大和要求低速转矩的机械。

（2）气动马达工作原理

图 4-19 所示为叶片式气动马达。与液压叶片马达相似，主要包括一个径向装有 3 ~ 10 个叶片的转子，偏心安装在定子内，转子两侧有前后盖板，叶片在转子的槽内可径向滑动，叶片底部通有压缩空气，转子转动是靠离心力和叶片底部气压将叶片紧压在定子内表面上。定子内有半圆形的切沟，提供压缩空气及排出废气。

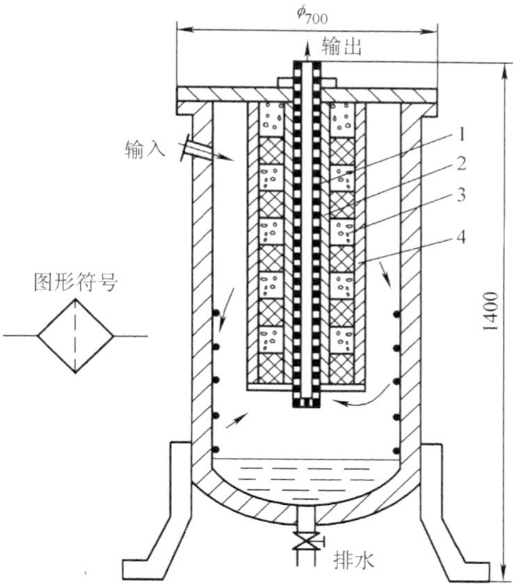

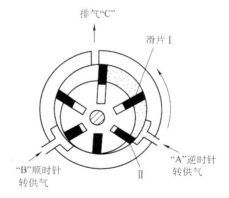

图 4-18 一次性过滤器
1—φ10mm 密孔网 2—280 目细铜丝网
3—焦炭 4—硅胶等

图 4-19 叶片式气动马达

4.4 电气驱动系统

机器人电动伺服驱动系统是利用各种电动机产生的力矩和力，直接或间接地驱动机器人本体以获得机器人的各种运动的执行机构。

对工业机器人关节驱动的电动机，要求有最大功率质量比和扭矩惯量比、高起动转矩、低惯量和较宽广且平滑的调速范围。特别是像机器人末端执行器（手爪）应采用体积、质量尽可能小的电动机，尤其是要求快速响应时，伺服电动机必须具有较高的可靠性和稳定性，并且具有较大的短时过载能力。这是伺服电动机在工业机器人中应用的先决条件。

机器人对关节驱动电动机的要求如下：

1）快速性：电动机从获得指令信号到完成指令所要求的工作状态的时间应短。响应指令信号的时间越短，电伺服系统的灵敏性越高，快速响应性能越好，一般是以伺服电动机的机电时间常数的大小来说明伺服电动机快速响应的性能。

2）起动转矩惯量比大：在驱动负载的情况下，要求机器人的伺服电动机的起动转矩大，转动惯量小。

3）控制特性的连续性和直线性：随着控制信号的变化，电动机的转速能连续变化，有时还需转速与控制信号成正比或近似成正比。

4）调速范围宽：能使用于 1∶1000 ~ 1∶10000 的调速范围。

5）体积小、质量小、轴向尺寸短。

6）能经受得起苛刻的运行条件，可进行十分频繁的正反向和加减速运行，并能在短时间内承受过载。

目前，由于高起动转矩、大转矩、低惯量的交、直流伺服电动机在工业机器人中得到广泛应用，一般负载 1000N 以下的工业机器人大多采用电伺服驱动系统。所采用的关节驱动电动机主要是交流伺服电动机、步进电动机和直流伺服电动机。其中，交流伺服电动机、直流伺服电动机、直接驱动电动机（DD）均采用位置闭环控制，一般应用于高精度、高速度的机器人驱动系统中。步进电动机驱动系统多适用于对精度、速度要求不高的小型简易机器人开环系统中。交流伺服电动机由于采用电子换向，无换向火花，故在易燃易爆环境中得到了广泛的使用。机器人关节驱动电动机的功率范围一般为 0.1 ~ 10kW。

图 4-20 所示为工业机器人电动机驱动原理图。工业机器人电动伺服系统的一般结构为三个闭环控制，即电流环、速度环和位置环。

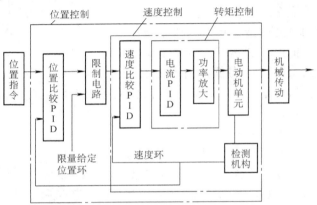

图 4-20　工业机器人电动机驱动原理图

伺服电动机是指带有反馈的直流电动机、交流电动机、无刷电动机、步进电动机。它们通过控制期望的转速（和相应的期望转矩）运动到达期望转角。为此，反馈装置向伺服电动机控制器电路发送信号，提供电动机的角度和速度。如果负荷增大，则转速就会比期望转速低，电流就会增加直到转速和期望值相等。如果信号显示速度比期望值高，电流就会相应减小。如果还使用了位置反馈，转子到达期望的角位置时，位置反馈便会发送信号，关掉电动机。图 4-21 所示为伺服电动机驱动原理框图。

4.4.1　步进电动机驱动

步进电动机是将电脉冲信号变换为相应的角位移或直线位移的元器件，它的角位移和线位移量与脉冲数成正比。转速或线速度与脉冲频率成正比。在负载能力的范围内，这些关系不因电源电压、负载大小、环境条件的波动而变化，误差不长期积累，步进电动机驱动系统可以在较宽的范围内，通过改变脉冲频率来调速，实现快速起动、正反转制动。作为一种开环数字控制系统，在小型机器人中得到较广泛应用。但由于其存在过载能力差、调速范围相对较小、低速运动有脉动、不平衡等缺点，故一般只应用于小型或简易型机器人中。

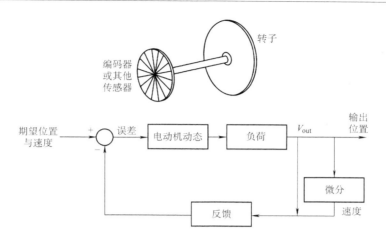

图 4-21　伺服电动机驱动原理框图

步进电动机驱动器主要包括脉冲发生器、环形分配器和功率放大等几大部分，其原理框图如图 4-22 所示。

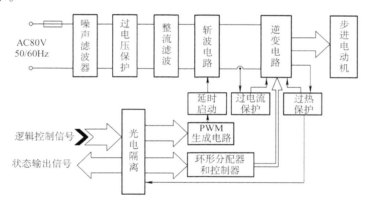

图 4-22　步进电动机驱动器原理框图

1. 步进电动机工作原理

图 4-23 所示为步进电动机工作的基本原理。步进电动机的定子上有两组线圈和一对永久磁铁作为转子，当给定子线圈加电时永磁转子（或磁阻式步进电动机中的软铁心转子）将旋转到与定子磁场一致的方向，如图 4-23a 所示。除非磁场旋转，否则转子就停留在该位置。切断当前线圈中的电流，对下一组线圈通电，转子将再次转至和新磁场方向一致的方向，如图 4-23b 所示。每次旋转的角度都等于步距角，步距角可以从 180°到小至不到 1°变化（本例是 90°）。接着，当切断第二组线圈时，第一组线圈再一次接通，但是极性相反，这将使转子沿同样的方向又转了一步。这个过程在关断一组线圈并接通另一组线圈时保持继续，经过 4 步就使转子转回到原来的初始位置。现在假设在第一步结束时，不是切断第一组线圈并接通第二组线圈，而是接通两组线圈的电源。此时，转子将仅旋转 45°，和最小磁阻方向一致，如图 4-23c 所示。此后，如果关断第一组线圈的电源，而第二组线圈的电源继续保持接通状态，转子将再次转过 45°。这叫做半步运行，其包括一个八拍运动序列。

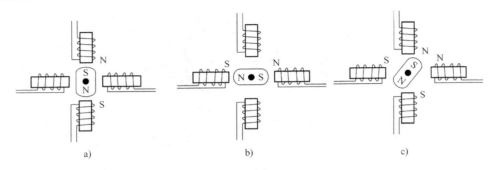

图 4-23　步进电动机工作的基本原理

2. 步进电动机常用类型

步进电动机的种类很多，常用的有以下几种：

（1）永磁式步进电动机

永磁式步进电动机（PM）是由磁性转子铁心通过与由定子产生的脉冲电磁场相互作用而产生转动。永磁式步进电动机一般为两相，转矩和体积较小，步进角一般为 7.5°或 15°。电动机里有转子和定子两部分，可以定子是线圈，转子是永磁铁；也可以定子是永磁铁，转子是线圈。缺点是步距大，启动频率低。优点是控制功率小，在断电情况下有定位转矩。

（2）反应式步进电动机

反应式步进电动机（VR）是一种传统的步进电动机，由磁性转子铁心通过与由定子产生的脉冲电磁场相互作用而产生转动。

反应式步进电动机工作原理比较简单，转子上均匀分布着很多小齿，定子齿有 3 个励磁绕阻，其几何轴线依次分别与转子齿轴线错开。电动机的位置和速度由导电次数（脉冲数）和频率成一一对应关系。而方向由导电顺序决定。市场上一般以二、三、四、五相的反应式步进电动机居多。

图 4-24 所示为三相反应式步进电动机单三拍方式工作原理图。其定子上有 6 个极，每个极上装有控制绕组，相对的两极组成一相。转子上有 4 个均匀分布的齿，其上没有绕组，当 U 相控制绕组通电时，转子在磁场力的作用下与定子齿对齐，即转子齿 1、3 和定子齿 U、U′对齐，如图 4-24a 所示。若切断 U 相，同时接头 V 相，在磁场力作用下转子转过 30°，转子齿 4、2 与定子齿 V、V′对齐，如图 4-24b 所示。转子转过一个步距角，如果再使 V 相断电，同时 W 相绕组通电，转子又转过 30°，使转子齿 3、1 与定子齿 W、W′对齐，如图 4-24c 所示。

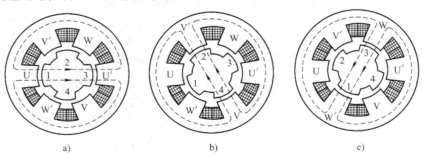

图 4-24　三相反应式步进电动机单三拍方式工作原理图

如此循环往复，按照 U→V→W→U 顺序通电，步进电动机便会按一定的方向转动。电动机的转速取决于控制绕组接通和断开的变化频率。若改变通电顺序，如 U→W→V→U，则电动机反向转动。这种通电方式称为三相单三拍。还有三相单、双六拍的通电方式，即通电方式为 U→UV→V→VW→W→WU→U。采用三相单、双六拍方式时，步距角为 15°。

（3）永磁感应子式步进电动机（混合式步进电动机）

永磁感应子式电动机与传统的反应式电动机相比，在结构上转子加有永磁体，以提供软磁材料的工作点，而定子激磁只需提供变化的磁场而不必提供磁材料工作点的耗能，因此该电动机效率高，电流小，发热低。因永磁体的存在，该电动机具有较强的反电动势，其自身阻尼作用比较好，使其在运转过程中比较平稳、噪声低、低频振动小。永磁感应子式电动机在某种程度上可以被看做是低速同步的电动机。一个四相电动机可以做四相运行，也可以做二相运行（必须采用双极电压驱动），而反应式电动机则不能如此。

4.4.2　直流伺服电动机驱动

机器人对直流伺服电动机的基本要求：

1）宽广的调速范围。

2）机械特性和调速特性均为线性。

3）无自转现象（控制电压降到零时，伺服电动机能立即自行停转）。

4）快速响应好。

1. 直流伺服电动机的特点

1）稳定性好：直流伺服电动机具有轻微下斜的机械性，能在较宽的调速范围内稳定运行。

2）可控性好：直流伺服电动机具有线性的调节特性，能使转速正比于控制电压的大小；转向取决于控制电压的极性；控制电压为零时，转子惯性很小，能立即停止。

3）响应迅速：直流伺服电动机具有较大的起动转矩和较小的转动惯量，在控制信号增加、减小或消失的瞬间，直流伺服电动机能快速起动、快速增速、快速减速和快速停止。

4）控制功率低，损耗小。

5）转矩大：直流伺服电动机广泛应用在宽调速系统和精确位置控制系统中，其输出功率一般为 1～600W（也有的达数千瓦），电压有 6V、9V、12V、24V、27V、48V、110V、220V 等，转速可达 1500～1600r/min。

2. 直流伺服电动机的分类及结构

（1）分类

按励磁方式，直流伺服电动机分为电磁式直流伺服电动机（简称直流伺服电动机）和永磁式直流伺服电动机。电磁式直流伺服电动机如同普通直流电动机，分为串励式、并励式和他励式。

直流伺服电动机按其电枢结构形式不同，分为普通电枢型、印制绕组盘式电枢型、线绕盘式电枢型、空心杯绕组电枢型和无槽电枢型（无换向器和电刷）。

1）印制绕组直流伺服电动机（盘形转子、盘形定子轴向粘接柱状磁钢，转子转动惯量小，无齿槽效应，无饱和效应，输出转矩大）。

2）线绕盘式直流伺服电动机（盘形转子、定子轴向粘接柱状磁钢，转子转动惯量小，控制性能优于其他直流伺服电动机，效率高，输出转矩大）。

3）杯型电枢永磁直流电动机（空心杯转子，转子转动惯量小，适用于增量运动伺服系统）。

4）无刷直流伺服电动机（定子为多相绕组，转子为永磁式，可带转子位置传感器，无火花干扰，寿命长，噪声低）。

（2）结构

图 4-25 所示为电磁式直流伺服电动机结构，其中包括以下 3 个主要部分。

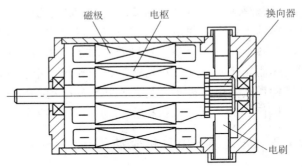

图 4-25　电磁式直流伺服电动机结构

1）定子：定子磁极磁场由定子的磁极产生。根据产生磁场的方式，直流伺服电动机可分为永磁式和他励式。永磁式磁极由永磁材料制成，他励式磁极由冲压硅钢片叠压而成，外绕线圈通以直流电流便产生恒定磁场。

2）转子：又称为电枢，由硅钢片叠压而成，表面嵌有线圈，通以直流电时，在定子磁场作用下产生带动负载旋转的电磁转矩。

3）电刷和换向片：为使所产生的电磁转矩保持恒定方向，转子能沿固定方向均匀地连续旋转，电刷与外加直流电源相接，换向片与电枢导体相接。

3. 直流伺服电动机调试的方法

在电枢控制方式下，直流伺服电动机的主要静态特性是机械特性和调节特性。

（1）机械特性

直流伺服电动机的机械特性公式为

$$n = \frac{U_a}{C_T\phi} - \frac{R}{C_e C_T \phi^2} = n_0 - \frac{R}{C_e C_T \phi^2}T \tag{4-3}$$

式中　n_0——电动机的理想空载转速；

　　　R——电枢电阻值；

　　　C_e——直流电动机电动势结构常数；

　　　ϕ——磁通；

　　　T——转矩；

　　　C_T——转矩结构常数。

图 4-26 所示为直流伺服电动机的机械特性。当 U_a 一定时，随着转矩 T 的增加，转速 n 成正比下降。随着控制电压 U_a 的降低，机械特性平行地向低速度、小转矩方向平移，其斜率保持不变。

（2）调节特性

图 4-27 所示为直流伺服电动机的调节特性。当 T 一定时，控制电压高则转速也高，转速的增加与控制电压的增加成正比，这是理想的调节特性。

当 $T = T_1$ 时，始动电压为 U_{a1} 一般把调节特性曲线上横坐标从零到始动电压这一范围称为失灵区。在失灵区以内，即使电枢有外加电压，电动机也不能转动。

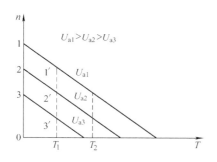

图 4-26　直流电动机的机械特性

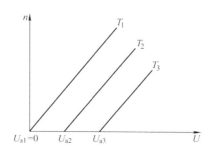

图 4-27　直流电动机的调节特性

4.4.3　交流伺服电动机驱动

（1）直流伺服电动机的缺点

1）接触式换向器不但结构复杂，制造费时，价格昂贵，而且运行中容易产生火花，以及换向器的机械强度不高，电刷易于磨损等，需要经常维护检修。

2）对环境的要求比较高，不适用于化工、矿山等周围环境中有粉尘、腐蚀性气体和易爆易燃气体的场合。

（2）交流伺服电动机的优点

1）结构简单，制造方便，价格低廉。

2）坚固耐用，惯量小，运行可靠，很少需要维护，可用于恶劣环境等。

1. 交流伺服电动机的分类和特点

交流伺服电动机分为异步型和同步型两种。

（1）异步型交流电动机

异步型交流伺服电动机指的是交流感应电动机。它有三相和单相之分，也有笼型和线绕转子型，通常多用笼型三相感应电动机。其结构简单，与同容量的直流电动机相比，重量轻1/2，价格仅为直流电动机的1/3。缺点是不能经济地实现范围很广的平滑调速，必须从电网吸收滞后的励磁电流。因而令电网功率因数变坏。这种笼型转子的异步型交流伺服电动机简称为异步型交流伺服电动机，用 IM 表示。

（2）同步型交流电动机

同步型交流伺服电动机虽较感应电动机复杂，但比直流电动机简单。它的定子与感应电动机一样，都在定子上装有对称三相绕组。而转子却不同，按不同的转子结构又分电磁式及非电磁式两大类。非电磁式又分为磁滞式、永磁式和反应式多种。其中磁滞式和反应式同步电动机存在效率低、功率因数较差、制造容量不大等缺点。数控机床中多用永磁式同步电动机。与电磁式相比，永磁式的优点是结构简单，运行可靠，效率较高；缺点是体积大，启动特性欠佳。但永磁式同步电动机采用高剩磁感应，高矫顽力的稀土类磁铁后，可比直流电动外形尺寸约小1/2，重量减轻60%，转子惯量减到直流电动机的1/5。它与异步电动机相比，由于采用了永磁铁励磁，消除了励磁损耗及有关的杂散损耗，所以效率高。又因为没有电磁式同步电动机所需的集电环和电刷等，其机械可靠性与感应（异步）电动机相同，而功率因数却大大高于异步电动机，从而使永磁同步电动机的体积比异步电动机小些。这是因为在低速时，感应（异步）电动机由于功率因数低，输出同样的有功功率时，它的视在功率却要大得多，而电动机的主要尺寸是据视在功率而定的。

2. 异步交流伺服电动机的基本原理

图 4-28 所示为异步交流电动机工作原理图；图 4-29 所示为异步交流电动机结构图。

异步交流伺服电动机的基本原理是：

1）转子导条切割旋转磁场磁力线，产生感应电动势，使转子导条有电流流过。

2）有电流流过的导条在磁场中受到的电磁力对转轴形成电磁力矩，使转子跟着旋转磁场转动。

3）转子的转动方向与磁铁的转动方向相同，转子转速与磁铁的转速成正比。

4）由于转子自身阻转矩以及负载阻转矩的影响，转子的转速要小于磁铁转动转速，故称异步电动机。

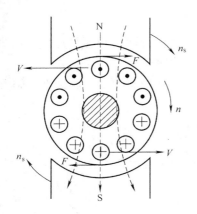 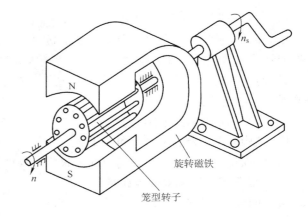

图 4-28　异步交流电动机工作原理图　　　　图 4-29　异步交流电动机结构图

3. 交流伺服电动机的调速方法

异步交流电动机转速的基本公式为

$$n = \frac{60f}{p}(1 - s) \tag{4-4}$$

式中　　n——电动机转速，单位为 r/min；

　　　　f——电源电压频率，单位为 Hz；

　　　　p——电动机磁极对数；

　　　　s——转差率，$s = n_0 - n/n_0$，n_0 为电动机定子旋转磁场转速（同步转速），单位为 r/min。

由式（4-1）可见，改变异步电动机转速的方法有 3 种：

1）改变极对数 p，但一般交流电动机磁极对数不能改变，磁极对数可变的电动机称为多速电动机。因为磁极对数只能成对出现，所以转速只能成倍改变，因此只能实现有级变速，速度不能平滑调节。

2）改变转差率 s，适合于绕线转子异步电动机。在转子绕组回路中串入电阻使电动机机械特性变软，转差率增大。串入的电阻越大，转速越低，但调速范围窄，不易控制。

3）改变交流频率 f。目前高性能的调试系统大多采用变频调试，能够实现宽范围的无级调速，且转速与频率成正比。

4. 变频调速

（1）原理及构成

主电路是给异步电动机提供调压调频电源的电力变换部分，变频器的主电路大体上可分为电压型和电流型两类：电压型是将电压源的直流变换为脉冲（PWM）交流电压的变频器，直流回路的滤波是电容；电流型是将电流源的直流变换为交流的变频器，其直流回路滤波是电感。它由 3 部分构成，将工频电源变换为直流功率的"整流器"，吸收在变流器和逆变器产生的电压脉动的"平波回路"，以及将直流功率变换为交流功率的"逆变器"。

图 4-30 所示为交-直-交变频器的基本构成图。

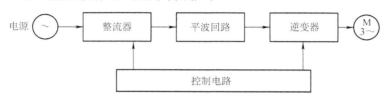

图 4-30　交-直-交变频器的基本构成图

1）整流器：最近大量使用的是二极管的变流器，它把工频电源变换为直流电源。也可用两组晶体管变流器构成可逆变流器，由于其功率方向可逆，可以进行电能反馈再生运转。

2）平波回路：在整流器整流后的直流电压中，含有电源 6 倍频率的脉动电压。此外，逆变器产生的脉动电流也使直流电压变动。为了抑制电压波动，采用电感和电容吸收脉动电压（电流）。装置容量小时，如果电源和主电路构成器件有余量，可以省去电感采用简单的平波回路。

3）逆变器：同整流器相反，逆变器是将直流功率变换为所要求频率的交流功率，以所确定的时间使 6 个开关器件导通、关断就可以得到三相交流输出。

4）控制电路是给异步电动机供电（电压、频率可调）的主电路提供控制信号的回路，它由频率、电压的"运算电路"、主电路的"电压、电流检测电路"、电动机的"速度检测电路"、将运算电路的控制信号进行放大的"驱动电路"，以及逆变器和电动机的"保护电路"组成。

● 运算电路：将外部的速度、转矩等指令同检测电路的电流、电压信号进行比较运算，决定逆变器的输出电压、频率。

● 电压、电流检测电路：与主回路电位隔离检测电压、电流等。

● 驱动电路：驱动主电路器件的电路，与控制电路隔离使主电路器件导通、关断。

● 速度检测电路：以装在异步电动机轴机上的速度检测器的信号为速度信号，送入运算回路，根据指令和运算可使电动机按指令速度运转。

● 保护电路：检测主电路的电压、电流等，当发生过载或过电压等异常时，为了防止逆变器和异步电动机损坏，使逆变器停止工作或抑制电压、电流值。

（2）优点

1）电动机运行平稳：采用变频调速，可使电动机的工作磁场接近圆形旋转磁场。

2）较高的效率和功率因数：采用变频调速可使电动机的转差率很小，损耗小，效率较高。

3）调速范围宽：频率可以在低于和高于电源频率的范围内调节。

4）开环精度较高：采用数字控制时，变频调速能够得到较高的开环控制精度。

（3）分类

1）按变换的环节分类，可分为交-直-交变频器和交-交变频器。

● 交-直-交变频器：先把工频交流通过整流器变成直流，然后再把直流变换成频率电压可调的交流，又称间接式变频器，是目前广泛应用的通用型变频器。

● 交-交变频器：将工频交流直接变换成频率电压可调的交流，又称直接式变频器。

2）按主电路工作方法，可分为电压型变频器和电流型变频器

● 电压型变频器：电压型变频器的特点是中间直流环节的储能元件采用大电容，负载的无功功率将由它来缓冲，直流电压比较平稳，直流电源内阻较小，相当于电压源，故称电压型变频器，常选用于负载电压变化较大的场合。

● 电流型变频器：电流型变频器的特点是中间直流环节采用大电感作为储能环节，缓冲无功功率，即扼制电流的变化，使电压接近正弦波。由于该直流内阻较大，故称电流源型变频器（电流型）。电流型变频器的特点（优点）是能扼制负载电流频繁而急剧的变化。常选用于负载电流变化较大的场合。

3）按照工作原理分类，可以分为 V/f 控制变频器、转差频率控制变频器和矢量控制变频器等。

4）按照变频调压方法分类，可以分为 PAM 控制变频器、PWM 控制变频器和高载频 PWM 控制变频器。

5）按照用途分类，可以分为通用变频器、高性能专用变频器、高频变频器、单相变频器和三相变频器等。

此外，变频器还可以按输出电压调节方式分类，按控制方式分类，按主开关元器件分类，按输入电压高低等方式分类。

4.5　新型驱动器

随着机器人技术的不断发展，出现一些利用新的工作原理的新型驱动器，如压电驱动器、静电驱动器、人工肌肉驱动器、形状记忆合金驱动器、磁致伸缩驱动器、超声波电动机、光驱动器等。

4.5.1　压电驱动器

压电效应的原理是，如果对压电材料施加压力，它便会产生电位差（称之为正压电效应）；反之，施加电压，则产生机械应力（称为逆压电效应）。

压电驱动器是利用逆压电效应，将电能转变为机械能或机械运动，实现微量位移的执行装置。压电材料具有易于微型化、控制方便、低压驱动、对环境影响小以及无电磁干扰等很多优点。

压电双晶片是在金属片的两面粘贴两个极性相反的压电薄膜或薄片，由于压电体的逆压电效应，当单向电压加在其厚度方向时，压电双晶片中的一片收缩，一片伸长，从而引起压电双晶片的定向弯曲而产生微位移。

图 4-31 所示是一种典型的应用于微型管道机器人的足式压电微执行器。它有一个压电双晶薄片及其上两侧分别贴置的两片类鳍型弹性体足构成。压电双晶片在电压信号作用下产生周期性的定向弯曲，将使弹性体与管道两侧接触处的动态摩擦力不同，从而推动执行器向前运动。

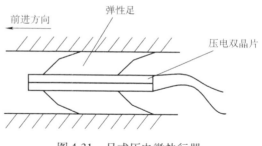

图 4-31　足式压电微执行器

压电双晶片驱动器的优点是位移量比叠层式的驱动器位移量大。因此机器人的运动速度比较快，但受到双晶片尺寸的限制，直径一般在 20mm 以上，所以不适合在直径特别小的管道中运动。

4.5.2　形状记忆合金驱动器

1. 形状记忆合金的定义及特点

形状记忆合金是一种特殊的合金，一旦使它记忆了任何形状，即使产生变形，但当加热到某一适当温度时，它就能恢复到变形前的形状。利用这种驱动器的技术即为形状记忆合金驱动技术。形状记忆合金有 3 个特点：

1）变形量大。

2）变位方向自由度大。

3）变位可急剧发生。

因此，它具有位移较大、功率重量比高、变位迅速、方向自由的特点。特别适用于小负载高速度、高精度的机器人装配作业、显微镜内样品移动装置、反应堆驱动装置、医用内窥镜、人工心脏、探测器、保护器等产品上。

2. 形状记忆合金驱动器的特点

形状记忆合金驱动器除具有高的功率重量比这一特点外，它还具有结构简单、无污染、无噪声、具有传感功能、便于控制等特点。

（1）形状记忆合金驱动器的优点

1）由于形状记忆合金是利用合金的相变（热弹性马氏体相变）来进行能量转换的，它可直接实现各种直线运动或曲线运动轨迹，而不需任何机械传动装置。因此，形状记忆合金驱动器可做成非常简单的形式。这对微型化来说无疑是非常有利的。另外，结构简单也有利于降低成本，提高系统的可靠性。

2）形状记忆合金驱动器在工作时不存在外摩擦，因此工作时无任何噪声，不会产生磨粒，没有任何污染。这对微型化也是非常有利的。（因为在微观领域，一个小尘埃的作用可能会相当于宏观领域中的一块石头。）

3）形状记忆合金驱动器一般采用电流来进行驱动，而导线可采用非常细的丝材，这种丝材不会妨碍微机器人的运动。因此，用形状记忆合金制作的驱动器便于实现独立控制。

4）形状记忆合金的电阻与其相变过程之间存在一定的对应关系，因此形状记忆合金的电阻值可用来确定驱动器的位移量及作用在驱动器上的力。也就是说，它具有传感功能。这一特点也使形状记忆合金驱动器的控制系统变得非常简单。

5）最适于制造微机器人驱动器的形状记忆合金是 TiNi 合金。TiNi 合金的电导率（1 ~

$1.5 \times 10S/m$）与 NiCr 合金几乎一样。因此，给形状记忆合金加热时所需的电源电压要比使用压电元件等所需的电源电压低得多。一般可以使用 5V 或 12V 这样的常用电源电压。从而可使形状记忆合金加热用的电源与控制电路用的电源一致起来，以简化系统。

（2）形状记忆合金驱动器的缺点

形状记忆合金驱动器在使用中主要存在两个问题，即效率较低、疲劳寿命较短。

1）形状记忆合金驱动器的效率从理论上来说，不能超过 10%。实际形状记忆合金驱动器的效率常低于 1%。但由于微机器人总的能量消耗很少，因此效率高低对微驱动器来说并无太大的影响。

2）形状记忆合金驱动器的疲劳寿命一般较短。其疲劳寿命除和所用材质有关外，还和工作应力范围有很大的关系。工作应力范围越大，疲劳寿命越短。例如，如果希望疲劳寿命大于 10 次，则工作应力范围必须小于 1%。

图 4-32 所示为具有相当于肩、肘、臂、腕、指 5 个自由度的微型机器人的结构示意图。手指和手腕靠 SMA（NiTi 合金）线圈的伸缩、肘和肩靠直线状 SMA 丝的伸缩，分别实现开闭和屈伸动作。每个元器件由微型计算机控制，通过由脉冲宽度控制的电流调节位置和动作速度。由于 SMA 丝很细（0.2mm），因而动作很快。

记忆合金在机器人上的另一应用是行走。它由两根记忆合金丝和相应的偏置弹簧组成，利用记忆合金的伸长与收缩而达到行走的目的。加热时，记忆合金伸长，使前爪向前伸出（后爪不能后退），与此同时，重心移到前爪上；冷却时，记忆合金收缩，将后爪向前移动一步。这种装置像昆虫那样有 6 条腿，步行中能够 4 条腿着地，增加了稳定性。将合金的受热和冷却与计算机结合起来，可以精确地控制行走的步幅。

形状记忆合金的功能和生物手脚的筋的功能很相似。生物筋是含蛋白质的生物高分子纤维。它靠机械-化学反应来动作，通过体液的 pH 值进行收缩、膨胀

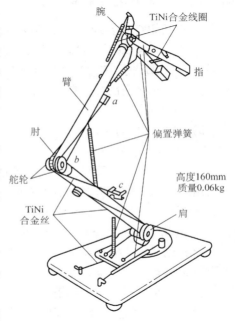

图 4-32　利用记忆合金
制作的微型机械手

来活动手脚。与此类似，形状记忆合金可以通过热-机械反应作为人工筋应用。日本日立公司用形状记忆合金制作的机械手有 12 个自由度，动作形如人手，能仿真取出一个鸡蛋。现正在研制像尺蠖虫那样大小的机械昆虫和如人手一样灵巧的微型机械手，可做复杂的动作，因而可在医学上应用。

4.5.3　磁致伸缩驱动器

某些磁性体的外部一旦加上磁场则磁性体的外形尺寸会发生变化，利用这种现象制作的驱动器称为磁致伸缩驱动器。1972 年，Clark 等首先发现 Laves 相稀土-铁化合物 RFe_2（R 代表稀土元素 Tb、Dy、Ho、Er、Sm 及 Tm 等）的磁致伸缩在室温下是 Fe、Ni 等传统磁致伸缩材料的 100 倍，这种材料称为超磁致伸缩材料。从那时起，对磁致伸缩效应的研究才再次

引起了学术界和工业界的注意。超磁致伸缩材料具有伸缩效应变大，机电耦合的系数高，响应速度快，输出力大等特点，因此其出现为新型驱动器的研制与开发又提供了一种行之有效的方法，并引起了国际上的极大关注。图 4-33 所示为超磁致伸缩驱动器的结构简图。

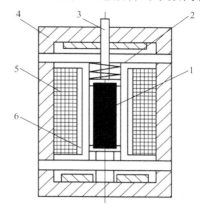

图 4-33　超磁致伸缩驱动器的结构简图
1—超磁致伸缩材料　2—预压弹簧　3—输出杆
4—压盖　5—激励线圈　6—铜管

4.5.4　超声波电动机

1. 超声波电动机的定义和特点

超声波电动机（Ultrasonic Motor，USM）是 20 世纪 80 年代中期发展起来的一种全新概念的新型驱动装置，它利用压电材料的逆压电效应，将电能转换为弹性体的超声振动，并将摩擦传动转换成运动体的回转或直线运动。该种电动机具有转速低、转矩大、结构紧凑、体积小、噪声小等优点，它与传统电磁式电动机最显著的差别是无磁且不受磁场的影响。

与传统电磁式电动机相比，超声波电动机具有以下特点：

1）转矩重量比大，结构简单、紧凑。

2）低速大转矩，无需齿轮减速机构，可实现直接驱动。

3）动作响应快（毫秒级），控制性能好。

4）断电自锁。

5）不产生磁场，也不受外界磁场干扰。

6）运行噪声小。

7）摩擦损耗大，效率低，只有 10% ~40%。

8）输出功率小，目前实际应用的只有 10W 左右。

9）寿命短，只有 1000 ~5000h，不适合连续工作。

2. 超声波电动机的分类

1）按自身形状和结构可分为圆盘或环形、棒状或杆状和平板形。

2）按功能分可分为旋转型、直线移动型和球形。

3）按动作方式分为行波型和驻波型。

图 4-34 ~ 图 4-36 所示分别为环形行波型 USM 的定子和转子图、环形 USM 装配图和行波型超声波电动机驱动电路。

超声波电动机通常由定子（振动体）和转子（移动体）两部分组成。但电动机中既没有线圈，也没有永磁体。其定子有弹性体和压电陶瓷构成，转子为一个金属板。定子和转子在压力作用下紧密接触，为了减少定子和转子之间相对运动产生的磨损，一般在二者之间（转子上面）加一层摩擦材料。

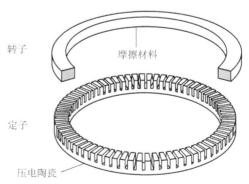

图 4-34　环形行波型 USM 的定子和转子

3. 超声波电动机基本原理

对极化后的压电陶瓷元件施加一定的高频交变电压，压电陶瓷随着高频电压的幅值变化而膨胀或收缩，从而在定子弹性体内激发出超声波振动，这种振动传递给与定子紧密接触的摩擦材料，从而驱动转子旋转。

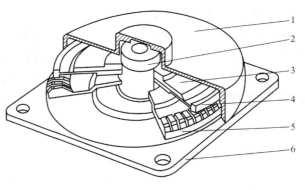

图 4-35　环形 USM 装配图
1—上端盖　2—轴承　3—蝶簧　4—转子
5—定子　6—下端盖

4.5.5　人工肌肉驱动器

随着机器人技术的发展，驱动器从传统的电动机-减速器的机械运动方式，发展为骨架-腱-肌肉的生物运动方式。为了使机器人手臂能完成比较柔顺的作业任务，实现骨骼-肌肉的部分功能而研制的驱动装置称为人工肌肉驱动器。

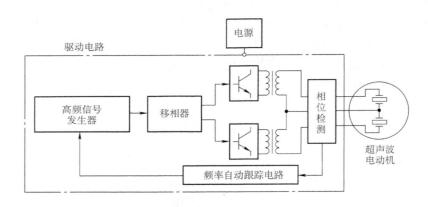

图 4-36　行波型超声波电动机驱动电路框图

现在已经研制出了多种不同类型的人工肌肉，例如利用机械化学物质的高分子凝胶、形状记忆合金（SMA）制作的人工肌肉。应用最多的还是气动人工肌肉（Pneumatic Muscle Actuators，PMA）。

PMA 是一种拉伸型气动执行元器件，当通入压缩空气时，能像人类的肌肉那样，产生很强的收缩力，所以称为气动人工肌肉。其结构简单、紧凑，在小型、轻质的机械手开发中具有突出优势；它的高度柔性使其在机器人柔顺性方面很有应用潜力；它安装简便、不需要复杂的机构及精度要求，甚至可以沿弯角安装；无滑动部件，动作平滑，响应快，可实现极慢速的、更接近于自然生物的运动；同时，它还具备价格低廉、输出力/自重比高、节能、自缓冲、自阻尼、防尘、抗污染等优点，所以在灵巧手的设计中采用 PMA 驱动的方式。

在机器人的实际应用中一般使用成对的 PMA 构成各种形式的驱动关节，其驱动力靠相互抗衡的一对 PMA 的压力差产生，不用减速机构，可以直接驱动，也可以将其中的一只 PMA 用弹簧代替。

图 4-37 所示为英国 Shadow 公司的 Mckibben 型气动人工肌肉安装位置示意图, 其传动方式采用人工腱传动。所有手指由柔索驱动, 而人工肌肉则固定于前臂上, 柔索穿过手掌与人工肌肉相连, 驱动手腕动作的人工肌肉固定于大臂上。

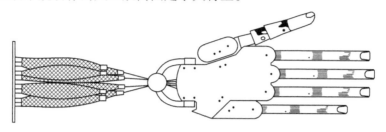

图 4-37　Mckibben 气动人工肌肉安装位置示意图

小　结

驱动技术是机器人技术的重要组成部分。驱动器在机器人中的作用相当于人体的肌肉。如果把连杆以及关节想象为机器人的骨骼, 那么驱动器就起肌肉的作用, 移动或转动连杆可改变机器人的构型。驱动器必须有足够的功率对连杆进行加减速并带动负载。同时, 驱动器必须轻便、经济、精确、灵敏、可靠且便于维护。本章首先介绍了各种驱动方式的应用特点, 其次对各种机器人常用的驱动器, 如液压驱动器、气压驱动器、步进电动机驱动器、直流伺服电动机驱动器、交流伺服电动机驱动器等做了详尽地介绍。同时还介绍了一些新型驱动器的应用情况。

思　考　题

4.1　概述各种常用驱动方式的优缺点。

4.2　举例说明液压伺服系统的组成和工作原理。

4.3　气压伺服系统的优点有哪些?

4.4　简述气压伺服系统的组成及原理。

4.5　简述步进电动机驱动器的工作原理。

4.6　步进电动机的常用类型有哪些? 原理是什么?

4.7　简述直流伺服电动机驱动的特点、分类和基本原理。

4.8　简述交流伺服电动机驱动的特点、分类和基本原理。

4.9　简述其他新型驱动器的应用情况。

第5章 机器人控制系统

5.1 控制系统概述

机器人控制系统是机器人的大脑，是决定机器人功能和性能的主要因素。工业机器人控制技术的主要任务就是控制工业机器人在工作空间中的运动位置、姿态和轨迹、操作顺序以及动作的时间等，具有编程简单、软件菜单操作、友好的人机交互界面、在线操作提示和使用方便等特点。机器人控制系统一般由控制计算机、驱动装置和伺服控制器组成。控制计算机根据作业要求接收编程发出的指令控制和协调运动并根据环境信息协调运动。伺服控制器控制各关节的驱动器使其按一定的速度、加速度和轨迹要求进行运动。控制系统是机器人的核心部分，它决定了控制性能的优劣，也决定了机器人使用的便捷程度。

机器人控制系统有集中控制、主从控制和分布式控制3种结构。集中控制是将几种控制使用一台功能较强的计算机实现全部控制功能，这是早期的机器人控制系统采用的结构，因为当时的计算机造价较高，当时的机器人的功能不多，因此实现容易，也比较经济，但控制过程中需要许多计算，因此这种结构控制速度较慢。随着计算机技术的进步和机器人控制质量的提高，集中式控制不能满足需要，取而代之的是主从式控制和分布式控制结构。现代机器人控制系统中几乎无一例外地采用分布式结构，即上一级主控制计算机负责整个系统管理以及坐标变换和轨迹插补运算等，下一级由许多微处理器组成，每一个微处理器控制一个关节运动，它们并行地完成控制任务，因而提高了工作速度和处理能力。各层级之间的联系通过总线形式的紧耦合来实现。

5.1.1 机器人控制系统的基本功能

机器人控制系统是机器人的重要组成部分，用于对操作机的控制，以完成特定的工作任务，其基本功能如下：

（1）记忆功能

可存储作业顺序、运动路径、运动方式、运动速度和与生产工艺有关的信息。

（2）示教功能

可离线编程、在线示教、间接示教。在线示教包括示教盒和导引示教两种。

（3）与外围设备联系功能

有输入和输出接口、通信接口、网络接口、同步接口。

（4）坐标设置功能

有关节、绝对、工具、用户自定义4种坐标系。

（5）人机接口

有示教盒、操作面板、显示屏。

（6）传感器接口

有位置检测、视觉、触觉、力觉等接口。

（7）位置伺服功能

可实现机器人多轴联动、运动控制、速度和加速度控制、动态补偿等功能。

（8）故障诊断安全保护功能

运行时系统可实现状态监视、故障状态下的安全保护和故障自诊断。

5.1.2　机器人控制系统的组成

（1）控制计算机

控制计算机是控制系统的调度指挥机构。一般为微型计算机，微处理器有 32 位、64 位等，如奔腾系列 CPU 以及其他类型 CPU。

（2）示教盒

示教盒示教机器人的工作轨迹和参数设定，以及所有人机交互操作，拥有自己独立的 CPU 以及存储单元，与主计算机之间以串行通信方式实现信息交互。

（3）操作面板

操作面板由各种操作按键、状态指示灯构成，只完成基本功能操作。

（4）硬盘和软盘存储

硬盘和软盘是存储机器人工作程序的外围存储器。

（5）数字和模拟量输入/输出

数字和模拟量输入/输出是指各种状态和控制命令的输入/输出。

（6）打印机接口

打印机接口用于记录需要输出的各种信息。

（7）传感器接口

传感器接口用于信息的自动检测，实现机器人柔性控制，一般为力觉、触觉和视觉传感器。

（8）轴控制器

轴控制器用于完成机器人各关节位置、速度和加速度控制。

（9）辅助设备控制

辅助设备控制用于和机器人配合的辅助设备控制，如手爪变位器等。

（10）通信接口

通信接口用于实现机器人和其他设备的信息交换，一般有串行接口、并行接口等。

（11）网络接口

● Ethernet 接口：可通过以太网实现数台或单台机器人的直接 PC 通信，数据传输速率高达 10Mbit/s，可直接在 PC 上用 Windows 95 或 Windows NT 的库函数进行应用程序编程之后，支持 TCP/IP 通信协议，通过 Ethernet 接口将数据及程序装入各个机器人控制器中。

● Fieldbus 接口：支持多种流行的现场总线规格，如 Device. NET AB Remote I/O、Interbus-s、profibus-DP、M-NET 等。

5.1.3　机器人控制的关键技术与机器人示教

1. 关键技术

机器人控制的关键技术包括以下方面：

（1）开放性模块化的控制系统体系结构

采用分布式 CPU 计算机结构，分为机器人控制器（RC）、运动控制器（MC）、光电隔离 I/O 控制板、传感器处理板和编程示教盒等。RC 和编程示教盒通过串口/CAN 总线进行通信。RC 的主计算机完成机器人的运动规划、插补和位置伺服以及主控逻辑、数字 I/O、传感器处理等功能，而编程示教盒完成信息的显示和按键的输入。

（2）模块化与层次化的控制器软件系统

软件系统建立在基于开源的实时多任务操作系统上，采用分层和模块化结构设计，以实现软件系统的开放性。整个控制器软件系统分为硬件驱动层、核心层和应用层 3 个层次。这 3 个层次分别面对不同的功能需求，对应不同层次的开发，系统中各个层次内部由若干功能相对独立的模块组成，这些功能模块相互协作共同实现该层次所提供的功能。

（3）机器人的故障诊断与安全维护技术

通过各种信息，对机器人故障进行诊断，并进行相应维护，是保证机器人安全性的关键技术。

（4）网络化机器人控制器技术

目前，由于机器人的应用工程由单台机器人工作站向机器人生产线发展，使机器人控制器的联网技术变得越来越重要。控制器上具有串口、现场总线及以太网的联网功能，可用于机器人控制器之间和机器人控制器同上位机的通信，便于对机器人生产线进行监控、诊断和管理。

2. 机器人示教

用机器人代替人进行作业时，必须预先对机器人发出指示，规定机器人进行应该完成的动作和作业的具体内容。这个过程就称为对机器人的示教或对机器人的编程。

对机器人的示教有不同的方法。要想让机器人实现人们所期望的动作，必须赋予机器人各种信息：第一是机器人动作顺序的信息及外围设备的协调信息；第二是与机器人工作时的附加条件信息；第三是机器人的位置和姿态信息。前两个方面在很大程度上与机器人要完成的工作以及相关的工艺要求有关，所以本书重点介绍有关机器人位置和姿态的示教。

位置和姿态的示教大致有以下两种方式：

（1）直接示教

直接示教就是人们常说的手把手示教，由人直接搬动机器人的手臂对机器人进行示教，如示教盒示教或操作杆示教等。在这种示教中，为了示教方便及获取信息的快捷而准确，人们可选择在不同的坐标系下示教，可在关节坐标系、直角坐标系以及工具坐标系、工件坐标系或用户自定义的坐标系下示教。

（2）离线示教

离线示教是指不对实际作业的机器人直接进行示教，而是脱离实际作业环境生成示教数据，间接地对机器人进行示教。在离线示教法（离线编程）中，通过使用计算机内存储的模型（CAD 模型），不要求机器人实际产生运动，便能在示教结果的基础上对机器人的运动进行仿真，从而确定示教内容是否恰当及机器人是否按人们期望的方式运动。

早期工业机器人的控制主要是通过示教再现方式进行的，控制装置由凸轮、挡块、插销板、穿孔纸带、磁鼓、继电器等机电元器件构成。

进入 20 世纪 80 年代以来的工业机器人则主要使用微型计算机系统综合实现上述控制功能。本章介绍的工业机器人控制系统都是以计算机控制为前提的。因此，从控制系统的角度看，工业机器人是一个微机控制系统。

典型的微机控制系统框图如图 5-1 所示。图中的输入量一般由程序给定，也可以由输入装置给定。

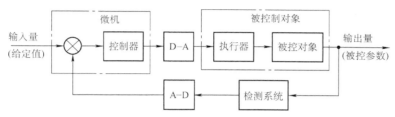

图 5-1　典型的微机控制系统框图

图 5-1 中的检测系统和 A-D 构成微机控制系统的输入通道，其详细内容如图 5-2 所示。

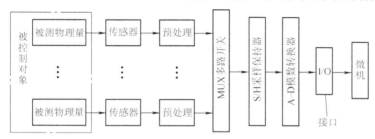

图 5-2　微机控制系统的输入通道

图 5-1 中的 D-A 和被控对象之间的内容构成微机控制系统的输出通道，其详细内容如图 5-3 所示。

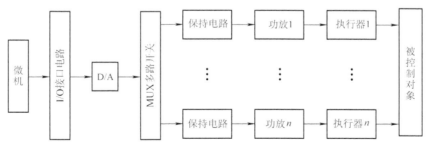

图 5-3　微机控制系统的输出通道

在工业机器人控制中，进行轨迹规划等需要完成大量的计算工作，因此一般采用监督控制系统（Supervisory Computer Control，SCC）。其组成框图如图 5-4 所示。

在这类系统中，机器人某个关节驱动器的自动控制是依靠模拟调节器或 DDC 计算机来完成，SCC 计算机的输出作为模拟调节器或 DDC 计算机的给定值。这一给定值将根据采样到的数据，按照轨迹规划的要求进行修正。SCC 计算机一般采用从市场上采购的工控机，要求其计算速度比较快。DDC 计算机一般可以采用一个单片机控制系统。

SCC 计算机面向模拟调节器或 DDC 计算机，模拟调节器或 DDC 计算机直接面向机器人某个关节驱动器，SCC 计算机给后两者发出指令。含有 SCC 的系统至少是一个两级控制系统。一台 SCC 计算机可以监督控制多台 DDC 计算机或模拟调节器。这种系统具有较高的运行性能和可靠性。当 DDC 计算机出现故障时，SCC 计算机可以代替其工作。

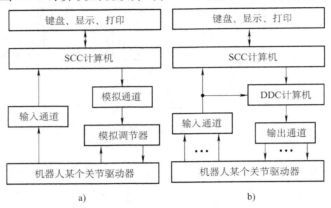

图 5-4　监督控制系统的组成框图
a）SCC + 模拟调节器　b）SCC + DDC

5.1.4　工业机器人控制的特点

工业机器人的控制技术与传统的自动机械控制相比，没有根本的不同之处。然而，工业机器人控制系统一般是以机器人的单轴或多轴运动协调为目的的控制系统，其控制结构要比一般自动机械的控制复杂得多。与一般的伺服系统或过程控制系统相比，工业机器人控制系统有如下特点：

1）传统的自动机械是以自身的动作为重点，而工业机器人的控制系统则更着重本体与操作对象的相互关系。

2）工业机器人的控制与机构运动学及动力学密切相关。根据给定的任务，经常要求解运动学的正问题和逆问题，而且还因工业机器人各关节之间惯性力、哥氏力的耦合作用以及重力负载的影响使问题复杂化，所以也使工业机器人的控制问题变得复杂。

3）每个自由度一般包含一个伺服机构，多个独立的伺服系统必须有机地协调起来，组成一个多变量的控制系统。

4）描述工业机器人状态和运动的数学模型是一个非线性模型，随着状态的变化，其参数也在变化，各变量之间还存在耦合。因此，仅仅是位置闭环是不够的，还要利用速度、甚至加速度闭环。系统中还经常采用一些控制策略，比如使用重力补偿、前馈、解耦、基于传感信息的控制和最优 PID 控制等。

5）工业机器人还有一种特有的控制方式——示教再现控制方式。当要求工业机器人完成某作业时，可预先移动工业机器人的手臂来示教该作业的顺序、位置以及其他信息。这些信息被机器人控制器存储起来，在执行时，依靠工业机器人的动作再现功能，可重复进行该作业。示教过程也可以用示教盒来完成。由于示教再现方式简单，容易掌握，在实际生产中得到了较普遍的应用。

总而言之，工业机器人控制系统是一个与运动学和动力学原理密切相关的、有耦合的、非线性的多变量控制系统。

随着实际工作情况的不同，可以采用各种不同的控制方式，例如从简单的编程自动化，微处理机控制到小型计算机控制等。

5.2　工业机器人控制的分类

工业机器人控制结构的选择，是由工业机器人所执行的任务决定的，对不同类型的机器人已经发展了不同的控制综合方法。工业机器人控制的分类没有统一的标准。如按运动坐标控制的方式来分，有关节空间运动控制、直角坐标空间运动控制；如按控制系统对工作环境变化的适应程度来分，有程序控制系统、适应性控制系统、人工智能控制系统；如按同时控制机器人数目的多少来分，可分为单控系统、群控系统。通常，还按运动控制方式的不同，将机器人控制分为位置控制、速度控制、力控制（包括位置与力的混合控制）3 类。

下面按运动控制方式的不同，对工业机器人控制方式作具体分析。

5.2.1　位置控制方式

工业机器人位置控制又分为点位控制和连续轨迹控制两类，如图 5-5 所示。

（1）点位控制

这类控制的特点是仅控制离散点上工业机器人末端执行器的位姿，要求尽快而无超调地实现相邻点之间的运动，但对相邻点之间的运动轨迹一般不作具体规定。例如，在印制电路板上安插元件、点焊、搬运及上下料等工作，都采用点位控制方式。要尽快而无超调地实现相邻点之间的运动，就要求每个伺服系统为一个临界阻尼系统。点位控制的主要技术指标是定位精度和完成运动所需的时间。

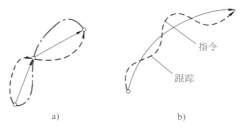

图 5-5　位置控制方式
a）点位控制　b）连续轨迹控制

（2）连续轨迹控制

这类运动控制的特点是连续控制工业机器人末端执行器的位姿，使某点按规定的轨迹运动。例如，在弧焊、喷漆、切割等场所的工业机器人控制均属于这一类。连续轨迹控制一般要求速度可控、轨迹光滑且运动平稳。连续轨迹控制的技术指标是轨迹精度和平稳性。

5.2.2　速度控制方式

对工业机器人的运动控制来说，在位置控制的同时，有时还要进行速度控制。例如，在连续轨迹控制方式的情况下，工业机器人按预定的指令，控制运动部件的速度和实行加、减速，以满足运动平稳、定位准确的要求，如图 5-6 所示。由于工业机器人是一种工作情况（行程负载）多变、惯性负载大的运动机械，要处理好快

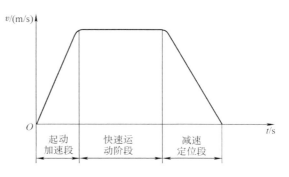

图 5-6　机器人行程的速度-时间曲线

速与平稳的矛盾，必须控制起动加速和停止前的减速这两个过渡运动区段。

5.2.3 力（力矩）控制方式

在进行装配或抓取物体等作业时，工业机器人末端操作器与环境或作业对象的表面接触，除了要求准确定位之外，还要求使用适度的力或力矩进行工作，这时就要采取力（力矩）控制方式。力（力矩）控制是对位置控制的补充，这种方式的控制原理与位置伺服控制原理也基本相同，只不过输入量和反馈量不是位置信号，而是力（力矩）信号，因此系统中有力（力矩）传感器。

5.3 工业机器人的位置控制

工业机器人位置控制的目的，就是要使机器人各关节实现预先所规划地运动，最终保证工业机器人终端（手爪）沿预定的轨迹运行。

实际中的工业机器人，大多为串接的连杆结构，其动态特性具有高度的非线性。但在其控制系统的设计中，往往把机器人的每个关节当成一个独立的伺服机构来处理。伺服系统一般在关节坐标空间中指定参考输入，采用基于关节坐标的控制。

我们讨论的工业机器人模型中，通常每个关节都装有位置传感器，用以测量关节位移；有时还用速度传感器检测关节速度。虽然关节的驱动和传动方式多种多样，但作为模型，总可以认为每一个关节是由一个驱动器单独驱动的。应用中的工业机器人几乎都是采用反馈控制，利用各关节传感器得到的反馈信息，计算所需的力矩，发出相应的力矩指令，以实现要求的运动。

图 5-7 所示为机器人本身、控制器和轨迹规划器之间的关系。图中的轨迹规划器由监督计算机来完成，控制器则由模拟调节器或 DDC 计算机来完成。

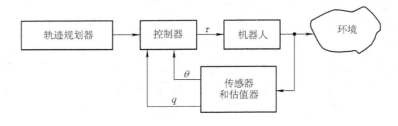

图 5-7　机器人控制系统框图

工业机器人接受控制器发出的关节驱动力矩矢量 τ，装于机器人各关节上的传感器测出关节位置矢量 θ 和关节速度矢量 q，再反馈到控制器上。因此，工业机器人每个关节的控制系统都是一个闭环控制系统。

设计这样的控制系统，其中心问题是保证所得到的闭环系统满足一定的性能指标要求，它最基本的准则是系统的稳定性。其中"系统是稳定的"是指它在实现所规划的路径轨迹时，即使在一定的干扰作用下，其误差仍然保持在很小的范围之内。

在实际中，可以利用数学分析的方法，根据系统的模型和假设条件判断系统的稳定性和动态品质，也可以采用仿真和实验的方法判别系统的优劣。

对于更高性能要求的工业机器人控制，则必须考虑更有效的动态模型、更高级的控制方法和更完善的计算机体系结构。总之，与其他控制系统相比，机器人控制是相当复杂的。

对工业机器人实施位置控制，位置检测元器件是必不可少的。检测是为进行比较和判断提供依据，是对工业机器人实行操作和控制的基础。

5.4　工业机器人的运动轨迹控制

由机器人的运动学和动力学可知，只要知道机器人的关节变量，就能根据其运动方程确定机器人的位置，或者已知机器人的期望位姿，就能确定相应的关节变量和速度。路径和轨迹规划与受到控制的机器人从一个位置移动到另一个位置的方法有关。研究在运动段之间如何产生受控的运动序列，这里所述的运动段可以是直线运动或者是依次的分段运动。路径和轨迹规划既要用到机器人的运动学，也要用到机器人的动力学。轨迹规划方法一般是在机器人初始位置和目标位置之间用多项式函数来"内插"或"逼近"给定的路径，并产生一系列"控制设定点"。路径端点一般是在笛卡儿坐标中给出的。如果需要某些位置的关节坐标，则可调用运动学的逆问题求解程序，进行必要的转换。

在给定的两端点之间，常有多条可能的轨迹。而轨迹控制就是控制机器人手端沿着一定的目标轨迹运动。因此，目标轨迹的给定方法和如何控制机器人手臂使之高精度地跟踪目标轨迹的方法是轨迹控制的两个主要内容。

目前，在一些老龄化比较严重的国家，开发了各种各样的机器人专门用于伺候老人，这些机器人有不少是采用声控的方式，比如主人用声音命令机器人"给我倒一杯开水"。我们先不考虑机器人是如何识别人的自然语言的，而是着重分析一下机器人在得到这样一个命令后，如何来完成主人交给的任务。

首先，机器人应该把任务进行分解，把主人交代的任务分解成为"取一个杯子"、"找到水壶"、"打开瓶塞"、"把水倒入杯中"、"把水送给主人"等一系列子任务。这一层次的规划称为任务规划（Task Planning），它完成总体任务的分解。

然后，再针对每一个子任务进行进一步的规划。以"把水倒入杯中"这一子任务为例，可以进一步分解成为"把水壶提到杯口上方"、"把水壶倾斜倒水入杯"、"把水壶竖直"、"把水壶放回原处"等一系列动作，这一层次的规划称为动作规划（Motion Planning），它把实现每一个子任务的过程分解为一系列具体的动作。为了实现每一个动作，需要对手部的运动轨迹进行必要的规定，这是手部轨迹规划（Hand Trajectory Planning）。为了使手部实现预定的运动，就要知道各关节的运动规律，这是关节轨迹规划（Joint Trajectory Planning）。

最后才是关节的运动控制（Motion Control）。

从上述例子可以看出，机器人的规划是分层次的，从高层的任务规划，动作规划到手部轨迹规划和关节轨迹规划，最后才是底层的控制（见图 5-8）。在上述例子中，我们没有讨论力的问题。实际上，对有些机器人来说，力的大小也是要控制的，这时除了手部或关节的轨迹规划，还要进行手部和关节输出力的规划。

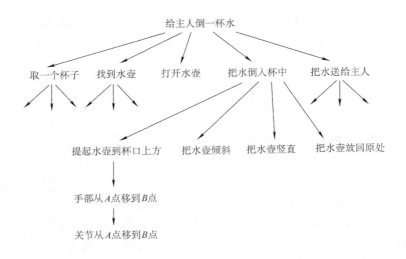

图 5-8　示例

5.4.1　路径和轨迹

路径是机器人位姿的一定序列，而不考虑机器人位姿参数随时间变化的因素。对于点位作业，需要描述它的起始状态和目标状态，对于曲面加工，不仅要规定操作臂的起始点和终止点，而且还要指明两点之间的若干中间点（称路径点）、必须沿特定的路径运动（路径约束）。这类称为连续路径运动或轮廓运动。路径——机器人以最快和最直接的路径（省时省力）从一个端点移到另一个端点。通常用于重点考虑终点位置，而对中间的路径和速度不做主要限制的场合。实际工作路径可能与示教时不一致。轨迹是指操作臂在运动过程中的位移、速度和加速度。轨迹——机器人能够平滑地跟踪某个规定的路径。

对于路径点控制通常只给出机械手末端的起点和终点，有时也给出一些中间经过点，所有这些点统称为路径点。应注意这里所说的"点"，不仅包括机械手末端的位置，而且包括方位，因此描述一个点通常需要 6 个量。通常希望机械手末端的运动是光滑的，即它具有连续的一阶导数，有时甚至要求具有连续的二阶导数。不平滑的运动容易造成机构的磨损和破坏，甚至可能激发机械手的振动。因此规划的任务便是要根据给定的路径点规划出通过这些点的光滑的运动轨迹。

对于轨迹控制机械手末端的运动轨迹是根据任务的需要给定的，但是它也必须按照一定的采样间隔，通过逆运动学计算，将其变换到关节空间，然后在关节空间中寻找光滑函数来拟合这些离散点。最后，还有在机器人的计算机内部解决如何表示轨迹，以及如何实时地生成轨迹的问题。

5.4.2　轨迹规划

1. 轨迹规划目的

轨迹规划的目的是将操作人员输入的简单的任务描述变为详细的运动轨迹描述。

例如，对一般的工业机器人来说，操作员可能只输入机械手末端的目标位置和方位，而规划的任务便是要确定出达到目标的关节轨迹的形状、运动的时间和速度等。图 5-9 所示是一个工业机器人的任务规划器。

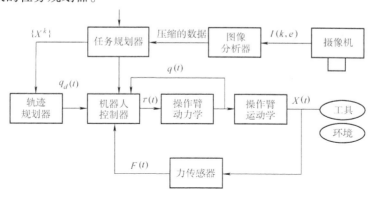

图 5-9　任务规划器

2. 轨迹规划的过程

轨迹规划的过程如下：

1）对机器人的任务、运动路径和轨迹进行描述。

2）根据已经确定的轨迹参数，在计算机上模拟所要求的轨迹。

3）对轨迹进行实际计算，即在运行时间内按一定的速率计算出位置、速度和加速度，从而生成运动轨迹。

在规划中，不仅要规定机器人的起始点和终止点，而且要给出中间点（路径点）的位姿及路径点之间的时间分配，即给出两个路径点之间的运动时间。

轨迹规划既可在关节空间中进行，即将所有的关节变量表示为时间的函数，用其一阶、二阶导数描述机器人的预期动作，也可在直角坐标空间中进行，即将手部位姿参数表示为时间的函数，而相应的关节位置、速度和加速度由手部信息导出。

轨迹规划器可被看做黑箱，其输入包括路径的"设定"和"约束"，输出是操作臂末端手部的"位姿序列"，表示手部在各个离散时刻的中间形位。操作臂最常用的轨迹规划方法有两种：第一种要求用户对于选定的轨迹节点（插值点）上的位姿、速度和加速度给出一组显式约束（如连续性和光滑程度等），轨迹规划器从一类函数（如 n 次多项式）中选取参数化轨迹，对节点进行插值，并满足约束条件；第二种方法要求用户给出运动路径的解析式，如直角坐标空间中的直线路径，轨迹规划器在关节空间或直角坐标空间中确定一条轨迹来逼近预定的路径。第一种方法中，约束的设定和轨迹规划均在关节空间进行。由于对操作臂手部（直角坐标形位）没有施加任何约束，用户很难弄清手部的实际路径，因此可能会发生与障碍物相碰。第二种方法的路径约束是在直角坐标空间中给定的，而关节驱动器是在关节空间中受控的。因此，为了得到与给定路径十分接近的轨迹，首先不许采用某种函数逼近的方法将直角坐标路径约束转化为关节坐标路径约束，然后确定满足关节路径约束的参数化路径。

轨迹规划既可在关节空间，也可在直角空间中进行，但是作为规划的轨迹函数都必须连续和平滑，使得操作臂的运动平稳。在关节空间进行规划时，是将关节变量表示成为时间的函数，并规划它的一阶和二阶时间导数；在直角空间进行规划是指将手部位姿、速度和加速度表示为时间的函数。而相应的关节位移、速度和加速度由手部的信息导出。通常通过运动学反解得出关节位移，用逆雅克比求出关节速度，用逆雅克比及其导数求解关节加速度。

用户根据作业给出各个路径结点后，确定规划器的任务。规划器的任务包含：解变换方程、进行运动学反解和插值运算等；在关节空间进行规划时，大量工作是对关节边路的插值运算。

简言之，机器人的工作过程，就是通过规划，将要求的任务变为期望的运动和力，由控制环节根据期望的运动和力的信号，产生相应的控制作用，以使机器人输出实际的运动和力，从而完成期望的任务。这一过程的表述如图 5-10 所示。这里，机器人实际运动的情况通常还要反馈给规划级和控制级，以便对规划和控制的结果做出适当的修正。

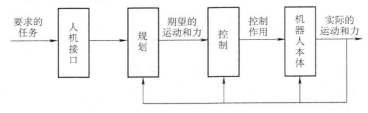

图 5-10　轨迹规划框图

图 5-10 中，要求的任务由操作人员输入给机器人。为了使机器人操作方便、使用简单，允许操作人员给出尽量简单地描述。图 5-10 中，期望的运动和力是进行机器人控制所必需的输入量，它们是机械手末端在每一个时刻的位姿和速度，对于绝大多数情况，还要求给出每一时刻期望的关节位移和速度，有些控制方法还要求给出期望的加速度等。

关节轨迹的插值：为了求得在关节空间形成所要求的轨迹，首先运用运动学反解将路径点转换成关节矢量角度值，然后对每个关节拟合一个光滑函数，使之从起始点开始，依次通过所有路径点，最后到达目标点。对于每一段路径，各个关节的运动时间均相同，而这样可保证所有关节同时到达路径点和终止点，从而得到工具坐标系应有的位置和姿态。但是，尽管每个关节在同一段路径中的运动时间相同，而各个关节函数之间却是相互独立的。

总之，关节空间法是以关节角度的函数来描述机器人的轨迹的。关节空间法不必在直角坐标系中描述两个路径点之间的路径形状，计算简单，容易。再者，由于关节空间与直角坐标空间之间不是连续的对应关系，因而不会发生机构的奇异性问题。

在关节空间中进行轨迹规划，需要给定机器人在起始点、终止点手臂的形位。对关节进行插值时，应满足一系列约束条件。在满足所有约束条件下，可以选取不同类型的关节插值函数，生成不同的轨迹。插值方法有三次多项式插值、过路径点的三次多项式插值、高阶多项式插值、用抛物线过渡的线性插值和过路径点的用抛物线过渡的线性插值。

假设机器人的初始位姿是已知的，通过求解逆运动学方程可以求得机器人期望的手部位姿对应的形位角。若考虑其中某一关节的运动开始时刻 t_i 的角度为 θ_i，希望该关节在时刻 t_f 运动到新的角度 θ_f。轨迹规划的一种方法是使用多项式函数以使得初始和末端的边界条件与已知条件相匹配。这些已知条件为 θ_i 和 θ_f 及机器人在运动开始和结束时的速度，这些速度通常为 0 或其他已知值。这 4 个已知信息可用来求解下列三次多项式方程中的 4 个未知量：

$$\theta(t) = c_0 + c_1 t + c_2 t^2 + c_3 t^3 \tag{5-1}$$

这里初始和末端条件是：

$$\begin{cases} \theta(t_i) = \theta_i \\ \theta(t_f) = \theta_f \\ \dot{\theta}(t_i) = 0 \\ \dot{\theta}(t_f) = 0 \end{cases} \tag{5-2}$$

对式（5-1）求一阶导数得到

$$\dot{\theta}(t) = c_1 + 2c_2 t + 3c_3 t^2$$

将初始和末端条件代入式（5-1）和式（5-3）得到

$$\begin{cases} \theta(t_i) = c_0 = \theta_i \\ \theta(t_f) = c_0 + c_1 t_f + c_1 t_f^2 + c_3 t_f^3 \\ \dot{\theta}(t_i) = c_1 = 0 \\ \dot{\theta}(t_f) = c_1 + 2c_2 t_f + 3c_3 t_f^2 = 0 \end{cases}$$

通过联立求解这 4 个方程，得到方程中的 4 个未知的数值，便可算出任意时刻的关节位置，控制器则据此驱动关节到达所需的位置。尽管每一关节是用同样步骤分别进行轨迹规划的，但是所有关节从始至终都是同步驱动。

3. 笛卡儿空间规划法

（1）物体对象的描述

相对于固定坐标系，物体上任一点用相应的位置矢量表示，任一方向用方向余弦表示，给出物体的几何图形及固定坐标系后，只要规定固定坐标系的位姿，便可重构该物体。

（2）作业的描述

在这种轨迹规划系统中，作业是用操作臂终端抓手位姿的笛卡儿坐标节点序列规定的，因此节点是指表示抓手位姿的齐次变换矩阵。相应的关节变量可用运动学反解程序计算。

（3）两个节点之间的"直线"运动

操作臂在完成作业时，抓手的位姿可以用一系列节点 P 来表示。因此，在直角坐标空间中进行轨迹规划的首要问题是由两节点 p_i 和 p_{i+1} 所定义的路径起点和终点之间，如何生成一系列中间点。两结点间最简单的路径是在空间的一个直线移动和绕某轴的转动。若运动时间给定之后，则可产生一个使线速度和角速度受控的运动。

（4）两段路径之间的过渡

为了避免两段路径衔接点处速度不连续，当由一段轨迹过渡到下一段轨迹时，需要加速或减速。

（5）运动学反解的有关问题

有关运动学反解的问题主要涉及笛卡儿路径上解的存在性（路径点都在工作空间之内与否）、唯一性和奇异性。

1）第一类问题：中间点在工作空间之外。在关节空间中进行规划不会出现这类问题。

2）第二类问题：在奇异点附近关节速度激增。PUMA 这类机器人具有两种奇异点：工作空间边界奇异点和工作空间内部的奇异点。在处于奇异位姿时，与操作速度（笛卡儿空间速度）相对应的关节速度可能不存在（无限大）。可以想象，当沿笛卡儿空间的直线路径运动到奇异点附近时，某些关节速度将会趋于无限大。实际上，所容许的关节速度是有限的，因而会导致操作臂偏离预期轨迹。

3）第三类问题：起始点和目标点有多重解。问题在于起始点与目标点若不用同一个反解，这时关节变量的约束和障碍约束便会产生问题。

正因为笛卡儿空间轨迹存在这些问题，现有的多数工业机器人的控制系统具有关节空间和笛卡儿空间的轨迹生成方法。用户通常使用关节空间法，只是在必要时，才采用笛卡儿空间方法。

5.5　智能控制技术

5.5.1　概述

控制的本意是为了达到某种目的对事物进行支配、管束、管制、管理、监督、镇压。自动控制是指在没有人直接参与的情况下，利用外加的设备或装置（称控制装置或控制器），使机器、设备或生产过程（被控对象）的某个工作状态或参数（即被控量）自动地按照预定的规律运行。自动控制系统是由控制装置和被控对象所组成的，它们以某种相互依赖的方式组合成为一个有机的整体，并对被控对象进行自动控制。

20 世纪 60 年代，由于空间技术、海洋技术和机器人技术发展的需要，控制领域面临着被控对象的复杂性和不确定性，以及人们对控制性能要求越来越高的挑战。被控对象的复杂性和不确定性表现为对象特性的高度非线性和不确定性、高噪声干扰、系统工作点动态突变性，以及分散的传感元件与执行元件、分层和分散的决策机构、复杂的信息模式和庞大的数据量。面对复杂的对象和复杂的环境，用传统的控制理论和方法已经不能很好地完成控制任务。因此，解决复杂系统控制问题的智能控制应运而生。

（1）传统的控制理论

传统的控制理论都是建立在以微分和积分为工具的精确模型之上的。从工程技术用于到数学描述的映射过程中丢失了很多信息。而新型的复杂系统要求会"思考"，会"推理"，能部分地实现人的"智能"，因此用传统的数学语言去分析和设计已无能为力。

（2）自适应控制理论

传统的控制理论虽然有办法对付控制对象的不确定性和复杂性，如自适应控制和鲁棒控制，但自适应控制是以补偿的方法来克服干扰和不确定性的，只适合于慢变化情况。而鲁棒是以提高系统的不灵敏度来抵御不确定性的，其鲁棒区域是很有限的。因此对于严重非线性、模型不确定和系统工作点变化剧烈等因素，自适应和鲁棒控制存在着难以弥补的缺陷。

5.5.2　模糊控制的相关知识

模糊控制是在模糊数学的基础上发展起来的。只有掌握了模糊数学的相关知识，才能实现模糊控制。

1. 普通集合及其运算规则

（1）普通集合的基本概念

域：被讨论的对象的全体称做域。域常用大写字母 U、X、Y、Z 等来表示。

元素：域中的每个对象称为元素。元素常用小写字母 a、b、x、y 等来表示。

集合：给定一个域，域中具有某种相同属性的元素的全体称为集合。集合常用大写字母 A、B、C 等来表示，集合的元素可用列举法（枚举法）和描述法表示。列举法是将集合中的元素一一列出，如 $A = \{a_1, a_2, a_3, \cdots, a_n\}$；描述法是通过对元素的定义来描述集合，如 $A = \{x \mid x - 3 > 2\}$，是不等式 $x - 3 > 2$ 的所有解组成的集合。

全集：若某集合包含域中的全部元素，则称该集合为全集。全集常用 E 来表示。

空集：不包含域中任何元素的集合称做空集。空集用 $\varnothing$ 来表示。

子集：设 A、B 是域 U 上的两个集合，若集合 A 上的所有元素都能在集合 B 中找到，则称集合 A 是集合 B 的子集。

集合相等：设 A、B 为同一域上的两个集合，若 A 是 B 的子集，且 B 是 A 的子集，则称集合 A 与集合 B 相等，记作 $A = B$。

（2）普通集合的基本运算

并集：一般地，由所有属于集合 A 或属于集合 B 的元素所组成的集合，称为集合 A 与 B 的并集（Union），记作 $A \cup B$，读作"A 并 B"，即 $A \cup B = \{x \mid x \in A,\ 或\ x \in B\}$。如图 5-11 所示。

说明：两个集合求并集，结果还是一个集合，是由集合 A 与集合 B 的所有元素组成的集合（重复元素只被看做一个元素）。

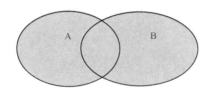
　　　　　　　　　　　　　　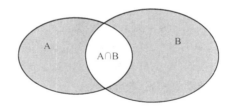

图 5-11　$A \cup B$ 图　　　　　　　　　　　图 5-12　$A \cap B$ 图

在图 5-12 中我们除了研究集合 A 与 B 的并集外，它们的公共部分还应是我们所关心的，这部分称为集合 A 与 B 的交集。

交集：一般地，由属于集合 A 且属于集合 B 的元素所组成的集合，叫做集合 A 与 B 的交集（Intersection），记作 $A \cap B$，读作"A 交 B"，即 $A \cap B = \{x \mid \in A,\ 且\ x \in B\}$。如图 5-12 所示。

说明：两个集合求交集，结果还是一个集合，是由集合 A 与集合 B 的公共元素组成的集合。

拓展：求图 5-13 所示各图中集合 A 与集合 B 的并集与交集。

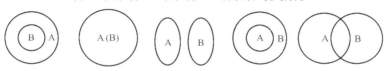

图 5-13　各类集合 A 与 B 的并集与交集

说明：当两个集合没有公共元素时，两个集合的交集是空集，而不说两个集合没有交集。

　　全集：一般地，如果一个集合含有我们所研究问题中所涉及的所有元素，那么就称这个集合为全集（Universe），通常记作 U。

　　补集：对于全集 U 的一个子集 A，由全集 U 中所有不属于集合 A 的所有元素组成的集合称为集合 A 相对于全集 U 的补集（Complementary Set），简称为集合 A 的补集，记作 $\complement_U A$，即 $\complement_U A = \{x \mid x \in U, \text{且 } x \in A\}$。$U$ 中 A 的补集的 Venn 图如图 5-14 所示。

　　说明：补集的概念必须要有全集的限制。

　　求集合的并、交、补是集合间的基本运算，运算结果仍然还是集合，区分交集与并集的关键是"且"与"或"，在处理有关交集与并集的问题时，常常从这两个字眼出发去揭示、挖掘题设条件，结合 Venn 图或数轴进而用集合语言表达，增强数形结合的思想方法。

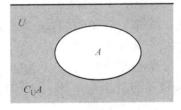

图 5-14　$\complement_U A$ 图

　　集合基本运算的一些结论：

$A \cap B \subseteq A$，$A \cap B \subseteq B$，$A \cap A = A$，$A \cap \varnothing = \varnothing$，$A \cap B = B \cap A$

$A \subseteq A \cup B$，$B \subseteq A \cup B$，$A \cup A = A$，$A \cup \varnothing = A$，$A \cup B = B \cup A$

$(\complement_U A) \cup A = U$，$(\complement_U A) \cap A = \varnothing$

若 $A \cap B = A$，则 $A \subseteq B$，反之也成立。

若 $A \cup B = B$，则 $A \subseteq B$，反之也成立。

若 $x \in (A \cap B)$，则 $x \in A$ 且 $x \in B$。

若 $x \in (A \cup B)$，则 $x \in A$，或 $x \in B$。

2. 模糊集合及其运算

（1）模糊集合的基本概念

● 模糊集合：模糊集合是用 $0 \sim 1$ 之间连续变化的值描述某元素属于特定集合的程度，是描述和处理概念模糊或界限不清事物的数学工具。

● 隶属度：某元素属于模糊集合 $\tilde{A}$ 的程度称为隶属度，用隶属度函数 $\tilde{A}(x)$ 描述。隶属度函数 $\tilde{A}(x)$ 的函数值是闭区间 $[0, 1]$ 上的一个数，表示元素 x 属于模糊集合 $\tilde{A}$ 的程度。

（2）模糊集合的表示方法

● 扎得表示法：是常用的模糊集合的表示方法，它把模糊集合 $\tilde{A}$ 表示为若干分式之和，但表达式中的加号不表示求和，而是表示模糊集合 $\tilde{A}$ 在域上的整体；分式只是一种格式，它表示域中元素 x 与其隶属度 $\tilde{A}(x_i)$ 之间的对应关系。

● 向量表示法：是另一种常用的模糊集合的表示方法，当模糊集合表示为向量形式时，要注意隶属度为零的项必须用 0 代替而不能舍去。

（3）隶属度函数表示法

模糊集合也能表示为隶属度函数的数学解析表达式，但比较烦琐，也不方便运算。

3. 模糊集合的基本运算

模糊集合有并运算、交运算和补运算三种基本运算。这些运算规则要熟练掌握。

4. 隶属度函数

（1）隶属度函数的确定方法

　　模糊集合由其隶属度函数确定。正确构造隶属度函数是能否用好模糊集合的关键。隶属度函数有效的确定方法有模糊统计法等。

　　模糊统计法的基本思路是：对确定的模糊概念，在讨论的域中逐一写出定量范围，再进行统计处理，以确定能被大多数人认可的隶属度函数。

　　（2）隶属度函数曲线

　　隶属度的分布可按以下原则确定：将最大适合区间的隶属度定为 1，中等适合区间的隶属度定为 0.5，较小适合区间的隶属度定为 0.25，最小隶属度定为 0。由此可得近似的隶属度函数曲线。

　　根据模糊集合隶属度的分布情况，选择形状最接近的常用基本隶属度曲线的表达式作为该模糊集合的隶属度函数。

5. 模糊关系

　　（1）模糊关系与模糊关系矩阵

　　模糊关系描述域中元素之间的关联程度，可由其隶属度函数来描述：

　　设 X、Y 是两个非空集合，则直积 $X \times Y = \{ (x, y) \mid x, X, y, Y\}$ 中的一个模糊集合，称为从 X 到 Y 的一个模糊关系，即 $(x, y): X \times Y \rightarrow [0, 1]$。式中，序偶 (x, y) 对的隶属度表明了元素 x 与元素 y 具有关系的程度。

　　模糊关系可用模糊关系矩阵来表示。模糊矩阵的元素 r_{ij} 表示域 X 中第 i 个元素与域 Y 中的第 j 个元素对于关系的隶属程度，即 $(x, y) = r_{ij}$，$0 \leqslant r_{ij} \leqslant 1$。

　　（2）模糊关系矩阵的基本运算

　　模糊关系矩阵的基本运算也有并运算、交运算和补运算等最基本的 3 种运算。

　　在模糊关系矩阵的基本运算中，合成运算是学习的重点之一。掌握合成运算规则，一定要通过经常演练习题，只靠记忆定义是不会有太好效果的。

　　（3）截集与截关系矩阵

　　在处理实际问题时，常需要将模糊概念或模糊关系转化为明确的概念或关系，这里需要用到截集的概念。模糊集合 $\tilde{A}$ 的截集是一个普通集合。

6. 模糊语言变量与模糊语句

　　（1）模糊语言

　　自然语言具有模糊性，而机器语言是一种形式语言。为使计算机在一定程度上具有判断和处理模糊信息的能力，有效的方法是在形式语言中渗入自然语言。这种具有模糊概念的语言称为模糊语言。

　　（2）模糊算子

　　1）语气算子 $H\lambda$：

　　$\lambda > 1$ 时，$H\lambda$ 称为集中化算子，能加强语气的肯定程度；

　　$\lambda < 1$ 时，$H\lambda$ 称为散漫化算子，能减弱语气的肯定程度。

　　2）模糊化算子：模糊化算子采用"大约"、"近似"等词汇，把肯定转化为模糊。

　　3）判断化算子：判断化算子采用"倾向于"、"偏向于"等词汇，对模糊值进行肯定化处理或作出倾向性判断。

　　（3）模糊语言变量

　　模糊语言变量是以自然语言或人工语言表达的变量，适于表示无法用通常的精确术语进行描述的现象。模糊语言变量的作用是把人的经验进行量化，转换成计算机可操作的数值运算，实现模糊控制。

模糊语言变量可定义为一个五元体，通过速度语言变量，可体会语言变量 5 个元素之间的相互关系。

（4）模糊条件语句

模糊条件语句有以下 3 种基本句型：

1）if $\tilde{A}$ then $\tilde{B}$：其中 $\tilde{A}$ 为条件，$\tilde{B}$ 为满足条件时进行的动作。

2）if $\tilde{A}$ then $\tilde{B}$ else $\tilde{C}$：其中 $\tilde{A}$ 为条件，$\tilde{B}$ 为满足条件时进行的动作，$\tilde{C}$ 为不满足条件时进行的动作。

3）if $\tilde{A}$ and $\tilde{B}$ then $\tilde{C}$：其中 $\tilde{A}$ 和 $\tilde{B}$ 为条件，$\tilde{C}$ 为同时满足两个条件时进行的动作。

（5）模糊推理

模糊推理有多种模式，其中最重要的且广泛应用的是基于模糊规则的推理。模糊规则的前提是模糊命题的逻辑组合（经由合取、析取和取反操作），作为推理的条件；结论是表示推理结果的模糊命题。所有模糊命题成立的精确程度（或模糊程度）均以相应语言变量定性值的隶属函数来表示。

模糊规则由应用领域专家凭经验知识来制定，并可在应用系统的调试和运行过程中，逐步修正和完善。模糊规则连同各语言变量的隶属函数一起构成了应用系统的知识库。基于规则的模糊推理，实际上是按模糊规则指示的模糊关系 $\underset{\sim}{R}$ 做模糊合成运算的过程。

建立在域 U_1，U_2，$\cdots$，U_n 上的一个模糊关系 $\underset{\sim}{R}$ 是笛卡儿积 $U_1 \times U_2 \times \cdots \times U_n$ 上的模糊集合。若这些域的元素变量分别为 X_{U_1}，X_{U_2}，$\cdots$，X_{U_n}，则 R 的隶属函数记为 μ_R（X_{U_1}，X_{U_2}，$\cdots$，X_{U_n}）。模糊关系 $\underset{\sim}{R}$ 可形式地定义为

$$\mu_R : U_1 \times U_2 \times \cdots \times U_n \rightarrow [0,1]$$
$$\underset{\sim}{R} = \{(X_{U_1}, X_{U_2}, \cdots, X_{U_n}) / [\mu_R(X_{U_1}, X_{U_2}, \cdots, X_{U_n})]\}$$

在模糊推理中，尚未建立一致的理论去指导模糊关系的构造。这意味着，存在着多种构造模糊关系的方法，相关的模糊合成运算方法也不同，从而形成了多种风格的模糊推理方法。不过，基于 max-min 原则的算法占据了目前模糊推理方法的主流。尽管这些算法不能说是最优的，但易于实现并能有效地解决实际问题，因此它们已被广泛地应用于模糊推理。

1）直接基于模糊规则的推理：当模糊推理的输入信息是量化的数值时，可以直接基于模糊规则进行推理，然后把推理结论综合起来。典型的推理过程可以分为两个阶段，其中第一阶段又分为 3 个步骤，表述如下：

第一阶段：计算每条模糊规则的结论：①输入量模糊化，即求出输入量相对于语言变量各定性值的隶属度；②计算规则前提部分模糊命题的逻辑组合（合取、析取和取反的组合）；③对规则前提逻辑组合的隶属程度与结论命题的隶属函数进行 min 运算，求得结论的模糊程度。

第二阶段：对所有规则结论的模糊程度进行 max 运算，得到模糊推理结果。

2）基于模糊关系的推理：当模糊推理的输入信息是定性术语（以相应的模糊集表示）时，可以基于模糊关系进行推理。如前所述，存在多种构造模糊关系的方法，这里仅介绍简单直观的 Mamdani 方法。

设模糊规则形如 $P \Rightarrow H$，模糊命题 P 和 H 相应的模糊集 $\underset{\sim}{A}_P$ 和 $\underset{\sim}{A}_H$ 分别建立在域 U_P 和 U_H

上（相应的元素变量为 x_P，x_H）。令 R（P；H）指示从 P 推出 H 的模糊关系，则定义

$$R = (P;H) = A_P \times A_H = \{(x_P,x_H)/[\mu_R(x_P,x_H)]\}$$
$$\mu_R(x_P,x_H) = \mu_{AP}(x_P) \wedge \mu_{AH}(x_H)$$

当实际的输入信息是模糊命题 P'（相应的模糊集为 $A_{P'}$）时，则模糊推理的输出 H'（相应的模糊集为 $A_{H'}$）表示为

$$A_{H'} = A_{P'} \cdot R(P;H)$$
$$\mu_{A_{H'}} = \bigvee_{x_P \subset U_P} (\mu_{A_{P'}}(x_P) \wedge \mu_R(x_P,x_H))$$

作为例子，设 $U_P = U_H = \{1,2,3,4,5\}$，是关于长度的域，域中元素的量度单位是"米"。现有模糊规则为"x_P 短$\Rightarrow x_H$ 长"，定义定性术语"短"和"长"模糊集 A_P 和 A_H 分别为（隶属程度为 0 的项省略）。

$$A_P = 1/1 + 2/0.8 + 3/0.3 + 4/0.1$$
$$A_H = 2/0.1 + 3/0.3 + 4/0.8 + 5/1$$

在求模糊关系时，忽略模糊集中元素的表示（以排列次序指示），则 R（P，H），A_P，A_H 可表示为矩阵，T 为矩阵转置，则有

$$(R(P;H)) = (A_P)^{\mathrm{T}} \cdot (A_H)$$

$$= \begin{pmatrix} 1 \\ 0.8 \\ 0.3 \\ 0.1 \\ 0 \end{pmatrix} \cdot (0 \quad 0.1 \quad 0.3 \quad 0.8 \quad 1)$$

$$= \begin{pmatrix} 0 & 0.1 & 0.3 & 0.8 & 1 \\ 0 & 0.1 & 0.3 & 0.8 & 0.8 \\ 0 & 0.1 & 0.3 & 0.3 & 0.3 \\ 0 & 0.1 & 0.1 & 0.1 & 0.1 \\ 0 & 0 & 0 & 0 & 0 \end{pmatrix}$$

若模糊推理的实际输入是模糊命题"x_P 略短"，其相应模糊集 $A_{P'}$ 定义为

$$A_{P'} = 1/1 + 2/0.9 + 3/0.55 + 4/0.3 (\diamondsuit \ \mu_{A_{P'}} = \sqrt{\mu_{A_P}})$$

则有

$$(A_{H'}) = (A_{P'}) \cdot R(P;H)$$

$$= (0.1 \quad 0.9 \quad 0.55 \quad 0.3 \quad 0) \cdot \begin{pmatrix} 0 & 0.1 & 0.3 & 0.8 & 1 \\ 0 & 0.1 & 0.3 & 0.8 & 0.8 \\ 0 & 0.1 & 0.3 & 0.3 & 0.3 \\ 0 & 0.1 & 0.1 & 0.1 & 0.1 \\ 0 & 0 & 0 & 0 & 0 \end{pmatrix}$$

$$= (0 \quad 0.1 \quad 0.3 \quad 0.8 \quad 1)$$

即：

$$A_{H'} = 2/0.1 + 3/0.3 + 4/0.8 + 5/1$$

显然，这个推理结果不很合理，因为实际输入为"x_P 略短"和"x_P 短"时的推理结果似乎不应相同。主要原因在于模糊关系 $R(P,H)$ 只基于一条规则求出，当模糊规则增加时，即可以求得较为贴切的模糊关系和更合理的推理结果。

设有 m 条形如 $P_i \Rightarrow H_i$ 的规则，相应于每条规则的模糊关系分别为 R_1，R_2，$\cdots$，R_m，则综合的模糊关系 R 定义为

$$R = R_1 \cup R_2 \cup \cdots \cup R_m = \bigcup_{i=1}^m R_i$$

$$\mu_R(x_P, x_H) = \bigvee_{i=1}^m \mu_{R_1}(x_P, x_H)$$

在实际应用中，规则的前提常表示为若干模糊命题的合取，则

$$(\bigwedge_{j=1}^n P_{ij}) \Rightarrow H_i$$

$$R = \bigcup_{i=1}^m R_i = \bigcup_{i=1}^m A_{P_{11}} \times A_{P_{12}} \times \cdots \times A_{P_{1m}} \times A_{Hi}$$

$$A_{H'} = (A_{P_1'} \times A_{P_2'} \times \cdots \times A_{P_n'}) \cdot R$$

或者

$$A_{H'} = \bigcup_{i=1}^m (A_{P_1'} \times A_{P_2'} \times \cdots \times A_{P_n'}) \cdot R_i$$

5.5.3　神经网络的基本知识

1. 概述

人工神经网络（Artificial Neural Networks，ANNS），它是一种模仿动物神经网络行为特征，进行分布式并行信息处理的算法数学模型。这种网络依靠系统的复杂程度，通过调整内部大量节点之间相互连接的关系，从而达到处理信息的目的。

2. 人工神经网络的优点

1）具有巨量并行性。

2）具有高度的鲁棒性和容错能力。

3）具有分布存储和自组织自学习能力。

4）能充分逼近复杂的非线性关系。

3. 人工神经网络研究的内容

（1）理论研究

ANNS 模型及其学习算法，试图从数学上描述 ANNS 的动力学过程，建立相应的 ANN 模型，在该模型的基础上，对于给定的学习样本，找出一种能以较快的速度和较高的精度调整神经元间互连权值，使系统达到稳定状态，满足学习要求的算法。

（2）实现技术的研究

探讨利用电子、光学、生物等技术实现神经计算机的途径。

（3）应用的研究

探讨如何应用 ANNS 解决实际问题，如模式识别、故障检测、智能机器人等。

4. 人工神经网络的模型

目前，神经网络的种类已达到 40 多种，其中比较典型的有 BP 网络、Hopfield 网络、CMAC 小脑模型、径向基函数（RBF）网络、ELMAN 网络等。

5.5.4　神经元网络模型和基础

1. 神经元模型

图 5-15 所示为神经元模型图。

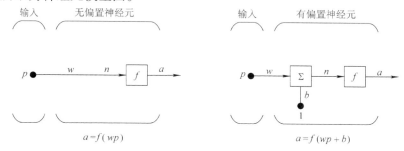

图 5-15　神经元模型图

输入标量通过乘以权重为标量 w 的连接点得到结果 wp，加权的输入 wp 仅仅是转移函数 f 的参数，函数的输出是标量 a。

右边的神经元有一个标量偏置 b，它通过求和节点加在结果 wp 上，偏置除了有一个固定不变的输入值 1 以外，其他的则是权重。标量 n 是加权输入 wp 和偏置 b 的和，它作为转移函数 f 的参数。

函数 f 是转移函数，它可以为阶跃函数或者曲线函数，它接收参数 n 给出输出 a，注意神经元中的 w 和 b 都是可调整的标量参数。

2. 带向量输入的神经元

图 5-16 所示为带向量神经元模型图，图中 R 为输入向量的元素个数。

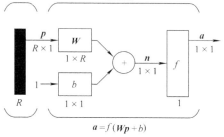

图 5-16　带向量输入神经元

这里输入向量 p 用左边的黑色实心竖条代表，p 的维数写在符号 p 下面，在图中是 $R×1$。因此，p 是一个有 R 个输入元素的向量。这个输入列向量乘上 R 列单行矩阵 W。和以前一样，常量 1 作为一个输入乘上偏置标量 b，给转移函数的网络输入是 n，它是偏置与乘积 Wp 的和。这个和值传给转移函数 f 得到网络输出 a。

3. 网络结构

两个或更多的上面所述的神经元可以组合成一层。一个典型的网络可包括一层或者多层。下面首先来研究神经元层。

（1）单层神经元网络

有 R 个输入元素和 S 个神经元组成的单层网络如图 5-17 所示。这里，R = 输入向量的元素个数；S = 层中神经元的个数。

在一个单层网络中，输入向量 p 的每一个元素都通过权重矩阵 W 和每一个神经元连接起来。第 i 个神经元通过把所有加权的输入和偏置加起来得到它自己的标量输出 n (i)。不同的 n (i) 合起来形成了有 S 个元素的网络输入向量 $\boldsymbol{n}$。最后，网络层输出一个列向量 a，在图的底部显示了 $\boldsymbol{a}$ 的表达式。

输入
神经元
p_1
p_2
p_3
p_R
$W_{1,1}$
$W_{S,R}$
Σ
$n(i)$
f
a
b
1
$a=f(Wp+b)$

图 5-17　单层神经元网络

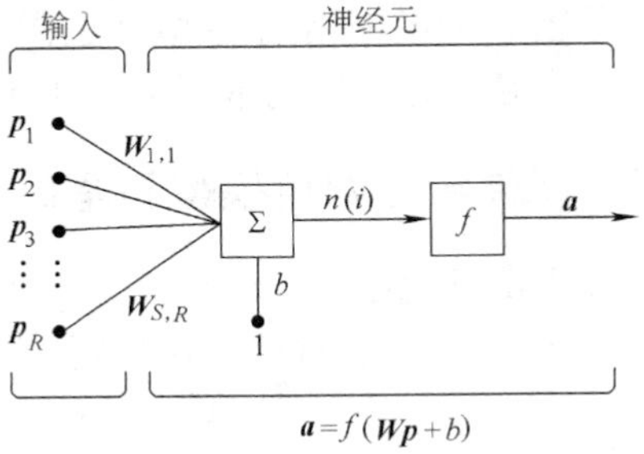

注意输入元素个数 R 和神经元个数 S 通常是不等的。

（2）输入向量元素经加权矩阵 $\boldsymbol{W}$ 作用输入网络

注意加权矩阵 $\boldsymbol{W}$ 的行标标记权重的目的神经元，列标标记待加权的输入标号。因此，$\boldsymbol{W}_{1,2}$ 的标号表示从输入信号的第二个元素到第一个神经元的权重。

图 5-18 所示为经加权矩阵作用的神经元网络图。这里，R = 输入向量的元素个数；S = 层中神经元的个数。

输入
神经元层
p
$R\times1$
W
$S\times R$
b
$S\times1$
1
+
n
$S\times1$
f
a
$S\times1$
R
S
$a=f(Wp+b)$

图 5-18　经加权矩阵作用的神经元网络图

这里，$\boldsymbol{p}$ 是一个有 R 个元素的输入向量，$\boldsymbol{W}$ 是一个 $S\times R$ 的矩阵，$\boldsymbol{a}$ 和 $\boldsymbol{b}$ 是有 S 个元素的向量。如前面所定义的，神经元层包括权重矩阵、乘法运算、偏置向量 b，求和符和转移函数框。

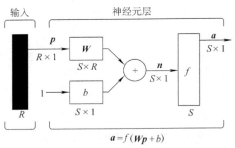

4. 多层神经元网络

一个网络可以有几层，每一层都有权重矩阵 $\boldsymbol{W}$、偏置向量 $\boldsymbol{b}$ 和输出向量 $\boldsymbol{a}$。为了区分这些权重矩阵、输出矩阵等，在图中的每一层，我们都为感兴趣的变量以上标的形式增加了层数。

图 5-19 所示为多层神经元网络图。

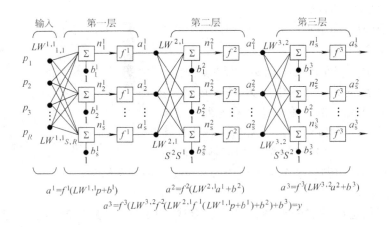

输入
第一层
第二层
第三层
$a^1=f^1(LW^{1,1}p+b^1)$
$a^2=f^2(LW^{2,1}a^1+b^2)$
$a^3=f^3(LW^{3,2}a^2+b^3)$
$a^3=f^3(LW^{3,2}f^2(LW^{2,1}f^1(LW^{1,1}p+b^1)+b^2)+b^3)=y$

图 5-19　多层神经元网络图

上面所示的网络有 R_1 个输入，第一层有 S_1 个神经元，第二层有 S_2 个神经元。

注意中间层的输出就是下一层的输入。第二层可被看做有 S_1 个输入，S_2 个神经元和 S_1

$\times S_2$ 阶权重矩阵 $\boldsymbol{W}_2$ 的单层网络。第二层的输入是 a_1，输出是 a_2，现在已经确定了第二层的所有向量和矩阵，就能把它看成一个单层网络了。其他层也可以照此步骤处理。

多层网络中的层扮演着不同的角色。给出网络输出的层叫做输出层。所有其他的层叫做隐层。图 5-20 所示的三层网络有一个输出层（第三层）和两个隐层（第一和第二层）。

图 5-20 所示为多层神经元网络函数图。

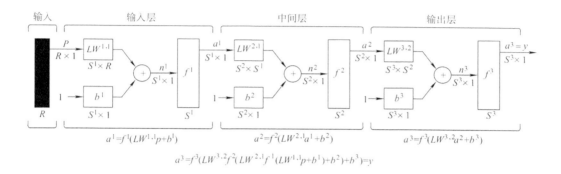

图 5-20　多层神经元网络函数图

多层网络的功能非常强大。举个例子，一个两层的网络，第一层的转移函数是曲线函数，第二层的转移函数是线性函数，通过训练，它能够很好地模拟任何有有限断点的函数。这种两层网络集中应用于"反向传播网络"。

注意，我们把第三层的输出 a_3 标记为 y。我们将使用这种符号来定义这种网络的输出。

5. BP 神经网络

一个经过训练的 BP 网络能够根据输入给出合适的结果，虽然这个输入并没有被训练过。这个特性使得 BP 网络很适合采用输入/目标对进行训练，而且并不需要把所有可能的输入/目标对都训练过。

（1）BP 网络的建模特点

● 非线性映照能力：神经网络能以任意精度逼近任何非线性连续函数。在建模过程中的许多问题正是具有高度的非线性。

● 并行分布处理方式：在神经网络中信息是分布储存和并行处理的，这使它具有很强的容错性和很快的处理速度。

● 自学习和自适应能力：神经网络在训练时，能从输入、输出的数据中提取出有规律性的知识，记忆于网络的权值中，并具有泛化能力，即将这组权值应用于一般情形的能力。神经网络的学习也可以在线进行。

● 数据融合的能力：神经网络可以同时处理定量信息和定性信息，因此它可以利用传统的工程技术（数值运算）和人工智能技术（符号处理）。

● 多变量系统：神经网络的输入和输出变量的数目是任意的，对单变量系统与多变量系统提供了一种通用的描述方式，不必考虑各子系统间的解耦问题。

（2）样本数据

采用 BP 神经网络方法建模的首要和前提条件是有足够多典型性好和精度高的样本。而且，为监控训练（学习）过程使之不发生"过拟合"和评价建立的网络模型的性能和泛化能力，必须将收集到的数据随机分成训练样本、检验样本（10% 以上）和测试样本（10%以上）3 部分。此外，数据分组时还应尽可能考虑样本模式间的平衡。

（3）输入/输出变量的确定及其数据的预处理

一般地，BP 网络的输入变量即为待分析系统的内生变量（影响因子或自变量）数，并根据专业知识确定。若输入变量较多，一般可通过主成分分析方法压减输入变量，也可根据剔除某一变量引起的系统误差与原系统误差的比值的大小来压减输入变量。输出变量即为系统待分析的外生变量（系统性能指标或因变量）可以是一个，也可以是多个。一般将一个具有多个输出的网络模型转化为多个具有一个输出的网络模型效果会更好，训练也更方便。

由于 BP 神经网络的隐层一般采用 Sigmoid 转换函数，为提高训练速度和灵敏性以及有效避开 Sigmoid 函数的饱和区，一般要求输入数据的值在 0 ~ 1 之间。因此，要对输入数据进行预处理。一般要求对不同变量分别进行预处理，也可以对类似性质的变量进行统一的预处理。如果输出层节点也采用 Sigmoid 转换函数，输出变量也必须做相应的预处理；否则，输出变量也可以不做预处理。

预处理的方法有多种，各文献采用的公式也不尽相同。但必须注意的是，预处理的数据训练完成后，要对网络输出的结果进行反变换才能得到实际值。再者，为保证建立的模型具有一定的外推能力，最好使数据预处理后的值在 0.2 ~ 0.8 之间。

6. 神经网络的训练

（1）训练

BP 网络的训练就是通过应用误差反传原理不断调整网络权值使网络模型输出值与已知的训练样本输出值之间的误差平方和达到最小或小于某一期望值。虽然理论上早已经证明，具有 1 个隐层（采用 Sigmoid 转换函数）的 BP 网络可实现对任意函数的任意逼近，但遗憾的是，迄今为止还没有构造性结论，即在给定有限个（训练）样本的情况下，如何设计一个合理的 BP 网络模型并通过向所给的有限个样本的学习（训练）来满意地逼近样本所蕴含的规律（函数关系，不仅仅是使训练样本的误差达到很小）的问题，目前在很大程度上还需要依靠经验知识和设计者的经验。因此，通过训练样本的学习（训练）建立合理的 BP 神经网络模型的过程，在国外被称为"艺术创造的过程"，是一个复杂而又十分烦琐和困难的过程。

由于 BP 网络采用误差反传算法，其实质是一个无约束的非线性最优化计算过程，在网络结构较大时不仅计算时间长，而且很容易陷入局部极小点而得不到最优结果。目前虽已有改进 BP 法、遗传算法（GA）和模拟退火算法等多种优化方法用于 BP 网络的训练（这些方法从原理上讲可通过调整某些参数求得全局极小点），但在应用中，这些参数的调整往往因问题不同而异，较难求得全局极小点。这些方法中应用最广泛的是增加了冲量（动量）项的改进 BP 算法。

（2）学习率和冲量系数

学习率影响系统学习过程的稳定性。大的学习率可能使网络权值每一次的修正量过大，甚至会导致权值在修正过程中超出某个误差的极小值呈不规则跳跃而不收敛；但过小的学习率导致学习时间过长，不但能保证收敛于某个极小值。所以，一般倾向选取较小的学习率以保证学习过程的收敛性（稳定性），通常在 0.01 ~ 0.8 之间。

　　增加冲量项的目的是为了避免网络训练陷于较浅的局部极小点。理论上其值大小与权值修正量的大小有关，但实际应用中一般取常量，通常在 0 ~ 1 之间，而且一般比学习率要大。

　　（3）网络的初始连接权值

　　BP 算法决定了误差函数一般存在（很）多个局部极小点，不同的网络初始权值直接决定了 BP 算法收敛于哪个局部极小点或是全局极小点。因此，要求计算程序必须能够自由改变网络初始连接权值。由于 Sigmoid 转换函数的特性，一般要求初始权值分布在 − 0.5 ~ 0.5 比较有效。

　　（4）网络模型的性能和泛化能力

　　训练神经网络的首要和根本任务是确保训练好的网络模型对非训练样本具有好的泛化能力（推广性），即有效逼近样本蕴含的内在规律，而不是看网络模型对训练样本的拟合能力。从存在性结论可知，即使每个训练样本的误差都很小（可以为零），并不意味着建立的模型已逼近训练样本所蕴含的规律。因此，仅给出训练样本误差（通常是指均方根误差、均方误差、AAE 或 MAPE 等）的大小而不给出非训练样本误差的大小是没有任何意义的。

　　要分析建立的网络模型对样本所蕴含的规律的逼近情况（能力），即泛化能力，应该也必须用非训练样本（本书中称为检验样本和测试样本）误差的大小来表示和评价，这也是之所以必须将总样本分成训练样本和非训练样本而绝不能将全部样本用于网络训练的主要原因之一。

　　判断建立的模型是否已有效逼近样本所蕴含的规律，最直接且客观的指标是从总样本中随机抽取的非训练样本（检验样本和测试样本）误差看是否和训练样本的误差一样小或稍大。非训练样本误差很接近训练样本误差或比其小，一般可认为建立的网络模型已有效逼近训练样本所蕴含的规律；否则，若相差很多（如几倍、几十倍甚至上千倍）就说明建立的网络模型并没有有效逼近训练样本所蕴含的规律，而只是在这些训练样本点上逼近而已，而建立的网络模型是对训练样本所蕴含规律的错误反映。

　　（5）合理网络模型的确定

　　对同一结构的网络，由于 BP 算法存在（很）多个局部极小点，因此必须通过多次（通常是几十次）改变网络初始连接权值求得相应的极小点，才能通过比较这些极小点的网络误差的大小，确定全局极小点，从而得到该网络结构的最佳网络连接权值。

　　对于不同的网络结构，网络模型的误差或性能和泛化能力也不一样。因此，还必须比较不同网络结构的模型的优劣。一般地，随着网络结构的变大，误差变小。通常，在网络结构扩大（隐层节点数增加）的过程中，网络误差会出现迅速减小然后趋于稳定的一个阶段，因此合理隐层节点数应取误差迅速减小后基本稳定时的隐层节点数。

　　总之，合理网络模型是必须在具有合理隐层节点数、训练时没有发生"过拟合"现象、求得全局极小点和同时考虑网络结构复杂程度和误差大小的综合结果。设计合理 BP 网络模型的过程是一个不断调整参数的过程，也是一个不断对比结果的过程，比较复杂且有时还带有经验性。这个过程并不是像有些人所想象的（实际也是这么做的）那样，随便套用一个公式确定隐层节点数，经过一次训练就能得到合理的网络模型（这样建立的模型极有可能是训练样本的错误反映，没有任何实用价值）。

小　　结

　　本章主要介绍了机器人控制系统的分类、机器人位置控制、运动轨迹规划、力（力矩）控制、工业机器人控制方式以及智能控制技术等方面的内容。

思　考　题

5.1　工业机器人控制的主要功能是什么？

5.2　简述轨迹规划的任务和方法。

5.3　简述工业机器人位置/力控制的原理及方法。

第 6 章   机器人编程语言

伴随着机器人的发展，机器人语言也得到了发展和完善。机器人语言已成为机器人技术的一个重要部分。机器人的功能除了依靠机器人硬件的支持外，相当一部分依赖机器人语言来完成。早期的机器人由于功能单一，动作简单，可采用固定程序或示教方式来控制机器人的运动。随着机器人作业动作的多样化和作业环境的复杂化，依靠固定的程序或示教方式已满足不了要求，必须依靠能适应作业和环境随时变化的机器人语言编程来完成机器人的工作。机器人的程序编制是机器人运动和控制的结合点，是实现人与机器人通信的主要方法，也是研究机器人系统的最困难和最关键的问题之一。编程系统的核心问题是操作运动控制问题。一台机器人能够编程到什么程度，决定了此机器人的适应性。例如，机器人能否执行复杂顺序的任务，能否快速地从一种操作方式转换到另一种操作方式，能否在特定环境中做出决策，等等。所有这些问题，在很大程度上都是程序设计所考虑的问题，而且与机器人的控制问题密切相关。

6.1   机器人编程要求与语言类型

机器人的机构和运动均与一般机械不同，因而其程序设计也与一般程序有差异，独具特色，进而对机器人程序设计提出了特别要求。

6.1.1   对机器人编程的要求

1. 能够建立世界模型（World Model）

在进行机器人编程时，需要一种描述物体在三维空间内运动的方法。存在具体的几何形式是机器人编程语言最普通的组成部分。物体的所有运动都以相对于基坐标系的工具坐标系来描述。机器人语言应当具有对世界（环境）的建模功能。

2. 能够描述机器人的作业

机器人作业的描述与其环境模型密切相关，描述水平决定了编程语言的水平。其中以自然语言输入为最高水平。现有的机器人语言需要给出作业顺序，由语法和词法定义输入语言，并由它描述整个作业。例如，装配作业可描述为世界模型的一系列状态，这些状态可用工作空间内所有物体的形态给定。这些形态可利用物体间的空间关系来说明。

3. 能够描述机器人的运动

描述机器人需要进行的运动是机器人编程语言的基本功能之一。用户能够运用语言中的运动语句，与路径规划器和发生器连接，允许用户规定路径上的点及目标点，决定是否采用点插补运动或笛卡儿直线运动。用户还可以控制运动速度或运动持续时间。

4. 允许用户规定执行流程

同一般的计算机编程语言一样，机器人编程系统允许用户规定执行流程，包括试验和转移、循环、调用子程序以至中断等。

5. 要有良好的编程环境

如同任何计算机一样，一个好的编程环境有助于提高程序员的工作效率。机械手的程序编制是困难的，其编程趋向于试探对话式。如果用户忙于应付连续重复的编译语言的编辑—编译—执行循环，那么其工作效率必然是低的。因此，现在大多数机器人编程语言含有中断功能，以便能够在程序开发和调试过程中每次只执行一条单独语句。典型的编程支撑（如文本编辑调试程序）和文件系统也是需要的。

6. 需要人机接口和综合传感信号

在编程和作业过程中，应便于人与机器人之间进行信息交换，以便在运动出现故障时能及时处理，确保安全，而且随着作业环境和作业内容复杂程度的增加，需要有功能强大的人机接口。

机器人语言的一个极其重要的部分是与传感器的相互作用。语言系统应能提供一般的决策结构，以便根据传感器的信息来控制程序的流程。

6.1.2　机器人编程语言的类型

机器人语言尽管有很多分类方法，但根据作业描述水平的高低，通常可分为动作级、对象级和任务级 3 级。

1. 动作级编程语言

动作级编程语言是以机器人的运动作为描述中心，通常由指挥夹手从一个位置到另一个位置的一系列命令组成。动作级编程语言的每一个命令（指令）对应于一个动作。例如，可以定义机器人的运动序列（MOVE）的基本语句形式为

MOVE TO (destination)

动作级编程语言的代表是 VAL 语言，它的语句比较简单，易于编程。动作级编程语言的缺点是不能进行复杂的数学运算，不能接收复杂的传感器信息，仅能接收传感器的开关信号，并且和其他计算机的通信能力很差。VAL 语言不提供浮点数或字符串，而且子程序不含自变量。

动作级编程又可分为关节级编程和终端执行器编程两种。

（1）关节级编程

关节级编程程序给出机器人各关节位移的时间序列。这种程序可以用汇编语言、简单的编程指令实现，也可通过示教盒示教或键入示教实现。

关节级编程是一种在关节坐标系中工作的初级编程方法，用于直角坐标型机器人和圆柱坐标型机器人编程尚较为简便。但用于关节型机器人，即使完成简单的作业，也首先要作运动综合才能编程，整个编程过程很不方便。

（2）终端执行器级编程

终端执行器级编程是一种在作业空间内直角坐标系中工作的编程方法。

终端执行器级编程程序给出机器人终端执行器的位姿和辅助机能的时间序列，包括力觉、触觉、视觉等机能以及作业用量、作业工具的选定等。这种语言的指令由系统软件解释执行。可提供简单的条件分支，可应用子程序，并提供较强的感受处理功能和工具使用功能，这类语言有的还具有并行功能。

2. 对象级编程语言

对象级编程语言解决了动作级编程语言的不足，它是描述操作物体间关系使机器人动作的语言，即以描述操作物体之间的关系为中心的语言，这类语言有 AML、AutoPass 等。

AutoPass 是一种用于计算机控制下进行机械零件装配的自动编程系统，这一编程系统面对作业对象及装配操作而不直接面对装配机器人的运动。

3. 任务级编程语言

任务级编程语言是比较高级的机器人语言，这类语言允许使用者对工作任务所要求达到的目标直接下命令，不需要规定机器人所做的每一个动作的细节。只要按某种原则给出最初的环境模型和最终的工作状态，机器人即可自动进行推理、计算，最后自动生成机器人的动作。任务级编程语言的概念类似于人工智能中程序自动生成的概念。任务级机器人编程系统能够自动执行许多规划任务。

各种机器人编程语言具有不同的设计特点，它们是由许多因素决定的。这些因素包括以下几个方面：

1) 语言模式，如文本、清单等。

2) 语言形式，如子程序、新语言等。

3) 几何学数据形式，如坐标系、关节转角、矢量变换、旋转以及路径等。

4) 旋转矩阵的规定与表示，如旋转矩阵、矢量角、四元数组、欧拉角以及滚动-偏航-俯仰角等。

5) 控制多个机械手的能力。

6) 控制结构，如状态标记等。

7) 控制模式，如位置、偏移力、柔顺运动、视觉伺服、传送带及物体跟踪等。

8) 运动形式，如两点间的坐标关系、两点间的直线、连接几个点、连续路径、隐式几何图形（如圆周）等。

9) 信号线，如二进制输入/输出，模拟输入/输出等。

10) 传感器接口，如视觉、力/力矩、接近度传感器和限位开关等。

11) 支援模块，如文件编辑程序、文件系统、解释程序、编译程序、模拟程序、宏程序、指令文件、分段联机、差错联机、HELP 功能以及指导诊断程序等。

12) 调试性能，如信号分级变化、中断点和自动记录等。

6.2　机器人语言系统结构和基本功能

6.2.1　机器人语言系统的结构

机器人语言实际上是一个语言系统。机器人语言系统既包含语言本身——给出作业指示和动作指示，同时又包含处理系统——根据上述指示来控制机器人系统。机器人语言系统如图 6-1 所示，它能够支持机器人编程、控制，以及与外围设备、传感器和机器人接口，同时还能支持和计算机系统的通信。

机器人语言操作系统包括监控状态、编辑状态和执行状态 3 个基本的操作状态。

1) 监控状态是用来进行整个系统的监督控制的。在监控状态，操作者可以用示教盒定义机器人在空间的位置，设置机器人的运动速度，存储和调出程序等。

2）编辑状态是提供操作者编制程序或编辑程序的。尽管不同语言的编辑操作不同，但一般均包括写入指令、修改或删除指令以及插入指令等。

3）执行状态是用来执行机器人程序的。在执行状态，机器人执行程序的每一条指令，操作者可通过调试程序来修改错误。例如，在程序执行过程中，某一位置关节角超过限制，因此机器人不能执行，在 CRT 上显示错误信息，并停止运行。操作者可返回到编辑状态修改程序。大多数

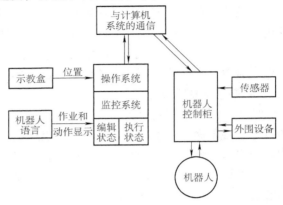

图 6-1　机器人语言系统

机器人语言允许在程序执行过程中，直接返回到监控或编辑状态。

和计算机编程语言类似，机器人语言程序可以编译，即把机器人源程序转换成机器码，以便机器人控制柜能直接读取和执行。编译后的程序，运行速度将大大加快。

6.2.2　机器人编程语言的基本功能

任务程序员能够指挥机器人系统去完成的分立单一动作就是基本程序功能。例如，把工具移动至某一指定位置，操作末端执行装置，或者从传感器或手调输入装置读个数等。机器人工作站的系统程序员的责任是选用一套对作业程序员工作最有用的基本功能。这些基本功能包括运算、决策、通信、机械手运动、工具指令以及传感器数据处理等。许多正在运行的机器人系统，只提供机械手运动和工具指令以及某些简单的传感数据处理功能。

1. 运算

在作业过程中执行的规定运算能力是机器人控制系统最重要的能力之一。

如果机器人未装有任何传感器，那么就可能不需要对机器人程序规定什么运算。没有传感器的机器人只不过是一台适于编程的数控机器。

装有传感器的机器人所进行的一些最有用的运算是解析几何计算。这些运算结果能使机器人自行做出决定，在下一步把工具或夹手置于何处。

2. 决策

机器人系统能够根据传感器的输入信息做出决策，而不必执行任何运算。按照未处理的传感器数据计算得到的结果，是做出下一步该干什么这类决策的基础。这种决策能力使机器人控制系统的功能更强有力。

3. 通信

机器人系统与操作人员之间的通信能力，允许机器人要求操作人员提供信息、告诉操作者下一步该干什么，以及让操作者知道机器人打算干什么。人和机器能够通过许多不同方式进行通信。

4. 机械手运动

可用许多不同方法来规定机械手的运动。最简单的方法是向各关节伺服装置提供一组关节位置，然后等待伺服装置到达这些规定位置。比较复杂的方法是在机械手工作空间内插入

一些中间位置。这种程序使所有关节同时开始运动和同时停止运动。用与机械手的形状无关的坐标来表示工具位置是更先进的方法，而且需要用一台计算机对解答进行计算（除 X-Y-Z 机械手外）。在笛卡儿空间内插入工具位置能使工具端点沿着路径跟随轨迹平滑运动。引入一个参考坐标系，用以描述工具位置，然后让该坐标系运动。这对许多情况是很方便的。

5. 工具指令

一个工具控制指令通常是由闭合某个开关或继电器而开始触发的，而继电器又可能把电源接通或断开，以直接控制工具运动，或者送出一个小功率信号给电子控制器，让后者去控制工具。直接控制是最简单的方法，而且对控制系统的要求也较少。可以用传感器来感受工具运动及其功能的执行情况。

6. 传感数据处理

用于机械手控制的通用计算机只有与传感器连接起来，才能发挥其全部效用。我们已经知道，传感器具有多种形式。此外，可以按照功能把传感器概括如下：

1）内体感受器用于感受机械手或其他由计算机控制的关节式机构的位置。

2）触觉传感器用于感受工具与物体（工件）间的实际接触。

3）接近度或距离传感器用于感受工具至工件或障碍物的距离。

4）力和力矩传感器用于感受装配（如把销钉插入孔内）时所产生的力和力矩。

5）视觉传感器用于"看见"工作空间内的物体，确定物体的位置或（和）识别它们的形状等。传感数据处理是许多机器人程序编制的十分重要而又复杂的组成部分。

6.3　常用机器人编程语言

目前主要的机器人语言见表 6-1。

表 6-1　目前主要的机器人语言

序号	语言名称	国家	研究单位	简要说明
1	AL	美	Stanford AI Lab.	机器人动作及对象物描述
2	AUTOPASS	美	IBM Watson Research Lab.	组装机器人用语言
3	LAMA-S	美	MIT	高级机器人语言
4	VAL	美	Unimation 公司	PUMA 机器人（采用 MC 6800 和 LSI 11 两级微型机）语言
5	ARIL	美	AUTOMATIC 公司	用视觉传感器检查零件用的机器人语言
6	WAVE	美	Stanford AI Lab.	操作器控制符号语言
7	DIAL	美	Charles Stark Draper Lab.	具有 RCC 柔顺性手腕控制的特殊指令
8	RPL	美	Stanford RI Int.	可与 Unimation 机器人操作程序结合预先定义程序库
9	TEACH	美	Bendix Corporation	适于两臂协调动作，和 VAL 同样是使用范围广泛的语言
10	MCL	美	Mc Donnell Douglas Corporation	编程机器人、NC 机床传感器、摄像机及其控制的计算机综合制造用语言

（续）

序号	语言名称	国家	研究单位	简要说明
11	INDA	美英	SIR International and Philips	相当于 RTL/2 编程语言的子集，处理系统使用方便
12	RAPT	英	University of Edinburgh	类似 NC 语言 APT（用 DEC 20. LSI 11/2 微型机）
13	LM	法	Al Group of IMAG	类似 PASCAL，数据定义类似 AL。用于装配机器人（用 LS1 1/3 微型机）
14	ROBEX	德国	Machine Tool Lab. TH Archen	具有与高级 NC 语言 EXAPT 相似结构的编程语言
15	SIGLA	意	Olivetti	SIGMA 机器人语言
16	MAL	意	Milan Polytechnic	两臂机器人装配语言，其特征是方便，易于编程
17	SERF	日	三协精机	SKILAM 装配机器人（用 Z-80 微型机）
18	PLAW	日	小松制作所	RW 系列弧焊机器人
19	IML	日	九州大学	动作级机器人语言

下面简要介绍几种常用的机器人专用编程语言。

6.3.1　VAL 语言

1. VAL 语言及特点

VAL 语言是美国 Unimation 公司于 1979 年推出的一种机器人编程语言，主要配置在 PU-MA 和 Unimate 等型机器人上，是一种专用的动作类描述语言。VAL 语言是在 BASIC 语言的基础上发展起来的，所以与 BASIC 语言的结构很相似。在 VAL 的基础上 Unimation 公司推出了 VAL II 语言。

VAL 语言可应用于上下两级计算机控制的机器人系统。上位机为 LSI 11/23，编程在上位机中进行，上位机进行系统的管理；下位机为 6503 微处理器，主要控制各关节的实时运动。编程时可以 VAL 语言和 6503 汇编语言混合编程。

VAL 语言命令简单、清晰易懂，描述机器人作业动作及与上位机的通信均较方便，实时功能强；可以在在线和离线两种状态下编程，适用于多种计算机控制的机器人；能够迅速地计算出不同坐标系下复杂运动的连续轨迹，能连续生成机器人的控制信号，可以与操作者交互地在线修改程序和生成程序；VAL 语言包含有一些子程序库，通过调用各种不同的子程序可很快组合成复杂操作控制；能与外部存储器进行快速数据传输以保存程序和数据。

（1）VAL 语言系统

VAL 语言系统包括文本编辑、系统命令和编程语言 3 个部分。

1）在文本编辑状态下可以通过键盘输入文本程序，也可通过示教盒在示教方式下输入程序。在输入过程中可修改、编辑、生成程序，最后保存到存储器中。在此状态下也可以调用已存在的程序。

2）系统命令包括位置定义、程序和数据列表、程序和数据存储、系统状态设置和控制、系统开关控制、系统诊断和修改。

3）编程语言把一条条程序语句转换执行。

（2）VAL 语言的特点

VAL 语言具有如下主要特点：

1）编程方法和全部指令可用于多种计算机控制的机器人。

2）指令简明，指令语句由指令字及数据组成，实时及离线编程均可应用。

3）指令及功能均可扩展，可用于装配线及制造过程控制。

4）可调用子程序组成复杂操作控制。

5）可连续实时计算，迅速实现复杂运动控制；能连续产生机器人控制指令，同时实现人机交互。在 VAL 语言中，机器人终端位置和姿势用齐次变换表征。当精度要求较高时，可用精确点位的数据表征终端位置和姿势。VAL 语言包括监控指令和程序指令两部分。

2. VAL 语言的指令

VAL 语言包括监控指令和程序指令两种。其中监控指令有 6 类，分别为位置及姿态定义指令、程序编辑指令、列表指令、存储指令、控制程序执行指令和系统状态控制指令。各类指令的具体形式及功能如下。

（1）监控指令

1）位置及姿态定义指令

POINT 指令：执行终端位置、姿态的齐次变换或以关节位置表示的精确点位赋值。

其格式有两种：

POINT ＜变量＞［ ＝＜变量 2＞…＜变量 n＞］

或

POINT ＜精确点＞［ ＝＜精确点 2＞］

例如：

POINT PICK1 ＝ PICK2

指令的功能是置变量 PICK1 的值等于 PICK2 的值。

又如：

POINT #PARK

是准备定义或修改精确点 PARK。

DPOINT 指令：删除包括精确点或变量在内的任意数量的位置变量。

HERE 指令：此指令使变量或精确点的值等于当前机器人的位置。

例如：

HERE PLACK

是定义变量 PLACK 等于当前机器人的位置。

WHERE 指令：该指令用来显示机器人在直角坐标空间中的当前位置和关节变量值。

BASE 指令：用来设置参考坐标系，系统规定参考系原点在关节 1 和 2 轴线的交点处，方向沿固定轴的方向。

格式：

BASE［＜dX＞］,［＜dY＞］,［＜dZ＞］,［＜Z 向旋转方向＞］

例如:

BASE 300, -50,30

是重新定义基准坐标系的位置, 它从初始位置向 X 方向移 300, 沿 Z 的负方向移 50, 再绕 Z 轴旋转了 30°。

TOOLI 指令: 此指令的功能是对工具终端相对工具支承面的位置和姿态赋值。

2) 程序编辑指令

EDIT 指令: 此指令允许用户建立或修改一个指定名字的程序, 可以指定被编辑程序的起始行号。其格式为

EDIT［＜程序名＞］,［＜行号＞］

如果没有指定行号, 则从程序的第一行开始编辑; 如果没有指定程序名, 则上次最后编辑的程序被响应。

用 EDIT 指令进入编辑状态后, 可以用 C、D、E、I、L、P、R、S、T 等命令来进一步编辑。如:

C 命令: 改变编辑的程序, 用一个新的程序代替。

D 命令: 删除从当前行算起的 n 行程序, n 默认时为删除当前行。

E 命令: 退出编辑返回监控模式。

I 命令: 将当前指令下移一行, 以便插入一条指令。

P 命令: 显示从当前行往下 n 行的程序文本内容。

T 命令: 初始化关节插值程序示教模式, 在该模式下, 按一次示教盒上的"RECODE"按钮就将 MOVE 指令插到程序中。

3) 列表指令

DIRECTORY 指令: 此指令的功能是显示存储器中的全部用户程序名。

LISTL 指令: 功能是显示任意个位置变量值。

LISTP 指令: 功能是显示任意个用户的全部程序。

4) 存储指令

FORMAT 指令: 执行磁盘格式化。

STOREP 指令: 功能是在指定的磁盘文件内存储指定的程序。

STOREL 指令: 此指令存储用户程序中注明的全部位置变量名和变量值。

LISTF 指令: 功能是显示软盘中当前输入的文件目录。

LOADP 指令: 功能是将文件中的程序送入内存。

LOADL 指令: 功能是将文件中指定的位置变量送入系统内存。

DELETE 指令: 此指令撤销磁盘中指定的文件。

COMPRESS 指令: 只用来压缩磁盘空间。

ERASE 指令: 擦除磁盘内容并初始化。

5) 控制程序执行指令

ABORT 指令: 执行此指令后紧急停止 (紧停)。

DO 指令: 执行单步指令。

EXECUTE 指令: 此指令执行用户指定的程序 n 次, n 可以从 -32768 ~ 32767, 当 n 被

省略时，程序执行一次。

　　NEXT 指令：此命令控制程序在单步方式下执行。

　　PROCEED 指令：此指令实现在某一步暂停、急停或运行错误后，自下一步起继续执行程序。

　　RETRY 指令：指令的功能是在某一步出现运行错误后，仍自那一步重新运行程序。

　　SPEED 指令：指令的功能是指定程序控制下机器人的运动速度，其值为 0.01 ~ 327.67，一般正常速度为 100。

　　6）系统状态控制指令。

　　CALIB 指令：此指令校准关节位置传感器。

　　STATUS 指令：用来显示用户程序的状态。

　　FREE 指令：用来显示当前未使用的存储容量。

　　ENABL 指令：用于开、关系统硬件。

　　ZERO 指令：此指令的功能是清除全部用户程序和定义的位置，重新初始化。

　　DONE：此指令停止监控程序，进入硬件调试状态。

　　（2）程序指令

　　1）运动指令：运动指令包括 GO、MOVE、MOVEI、MOVES、DRAW、APPRO、AP-PROS、DEPART、DRIVE、READY、OPEN、OPENI、CLOSE、CLOSEI、RELAX、GRASP 及 DELAY 等。这些指令大部分具有使机器人按照特定的方式从一个位姿运动到另一个位姿的功能，部分指令表示机器人手爪的开合。例如：

　　MOVE #PICK!

表示机器人由关节插值运动到精确 PICK 所定义的位置。"!"表示位置变量已有自己的值。

　　MOVET ＜位置＞，＜手开度＞

其功能是生成关节插值运动使机器人到达位置变量所给定的位姿，运动中若手为伺服控制，则手由闭合改变到手开度变量给定的值。

　　又例如：

　　OPEN ［ ＜手开度＞ ］

表示使机器人手爪打开到指定的开度。

　　2）机器人位姿控制指令：机器人位姿控制指令包括 RIGHTY、LEFTY、ABOVE、BE-LOW、FLIP 及 NOFLIP 等。

　　3）赋值指令：赋值指令有 SETI、TYPEI、HERE、SET、SHIFT、TOOL、INVERSE 及 FRAME。

　　4）控制指令：控制指令有 GOTO、GOSUB、RETURN、IF、IFSIG、REACT、REACTI、IGNORE、SIGNAL、WAIT、PAUSE 及 STOP。其中 GOTO、GOSUB 实现程序的无条件转移，而 IF 指令执行有条件转移。IF 指令的格式为

　　IF ＜整型变量1＞ ＜关系式＞ ＜整型变量2＞ ＜关系式＞ THEN ＜标识符＞

　　该指令比较两个整型变量的值，如果关系状态为真，程序转到标识符指定的行去执行；否则接着下一行执行。关系表达式有 EQ（等于）、NE（不等于）、LT（小于）、GT（大于）、LE（小于或等于）及 GE（大于或等于）。

　　5）开关量赋值指令：开关量赋值指令包括 SPEED、COARSE、FINE、NONULL、

NULL、INTOFF 及 INTON。

　　6）其他指令：其他指令包括 REMARK 及 TYPE。

6.3.2　IML 语言

　　IML 也是一种着眼于末端执行器的动作级语言，由日本九州大学开发而成。IML 语言的特点是编程简单，能人机对话，适合于现场操作，许多复杂动作可由简单的指令来实现，易被操作者掌握。

　　IML 用直角坐标系描述机器人和目标物的位置和姿态。坐标系分两种：一种是机座坐标系，一种是固连在机器人作业空间上的工作坐标系。语言以指令形式编程，可以表示机器人的工作点、运动轨迹、目标物的位置及姿态等信息，从而可以直接编程。往返作业可不用循环语句描述，示教的轨迹能定义成指令插到语句中，还能完成某些力的施加。

　　IML 的主要指令有运动指令 MOVE、速度指令 SPEED、停止指令 STOP、手指开合指令 OPEN 及 CLOSE、坐标系定义指令 COORD、轨迹定义命令 TRAJ、位置定义命令 HERE、程序控制指令 IF…THEN、FOR EACH 语句、CASE 语句及 DEFINE 等。

6.3.3　AL 语言

1. AL 语言概述

　　AL 语言是 20 世纪 70 年代中期美国斯坦福大学人工智能研究所开发研制的一种机器人语言，它是在 WAVE 的基础上开发出来的，也是一种动作级编程语言，但兼有对象级编程语言的某些特征，使用于装配作业。它的结构及特点类似于 PASCAL 语言，可以编译成机器语言在实时控制机上运行，具有实时编译语言的结构和特征，如可以同步操作、条件操作等。AL 语言设计的原始目的是用于具有传感器信息反馈的多台机器人或机械手的并行或协调控制编程。

　　运行 VA 语言的系统硬件环境包括主、从两级计算机控制。主机为 PDP 10，主机内的管理器负责管理协调各部分的工作，编译器负责对 AL 语言的指令进行编译并检查程序，实时接口负责主、从机之间的接口连接，装载器负责分配程序。从机为 PDP 11/45。

　　主机的功能是对 AL 语言进行编译，对机器人的动作进行规划；从机接受主机发出的动作规划命令，进行轨迹及关节参数的实时计算，最后对机器人发出具体的动作指令。

2. AL 语言的编程格式

　　1）程序由 BEGIN 开始，至 END 结束。

　　2）语句与语句之间用分号隔开。

　　3）变量先定义说明其类型，后使用。变量名以英文字母开头，由字母、数字和下画线组成，字母不分大小写。

　　4）程序的注释用大括号括起来。

　　5）变量赋值语句中如所赋的内容为表达式，则先计算表达式的值，再把该值赋给等式左边的变量。

3. AL 语言中数据的类型

　　（1）标量（Scalar）

　　标量类型可以是时间、距离、角度及力等，可以进行加、减、乘、除和指数运算，也可以进行三角函数、自然对数和指数换算。

（2）向量（Vector）

向量类型与数学中的向量类似，可以由若干量纲相同的标量来构造一个向量。

（3）旋转（Rot）

旋转用来描述一个轴的旋转或绕某个轴的旋转以表示姿态。用 ROT 变量表示旋转变量时带有两个参数：一个代表旋转轴的简单矢量；另一个表示旋转角度。

（4）坐标系（Frame）

坐标系类型用来建立坐标系，变量的值表示物体固连坐标系与空间作业的参考坐标系之间的相对位置与姿态。

（5）变换（Trans）

变换类型用来进行坐标变换，具有旋转和向量两个参数，执行时先旋转再平移。

4. AL 语言的语句介绍

（1）MOVE 语句

MOVE 语句用来描述机器人手爪的运动，如手爪从一个位置运动到另一个位置。MOVE 语句的格式为

MOVE ＜HAND＞ TO ＜目的地＞

（2）手爪控制语句

OPEN：手爪打开语句。

CLOSE：手爪闭合语句。

语句的格式为

OPEN ＜HAND＞ TO ＜SVAL＞

CLOSE ＜HAND＞ TO ＜SVAL＞

其中 SVAL 为开度距离值，在程序中已预先指定。

（3）控制语句

与 PASCAL 语言类似，控制语句有下面几种：

IF ＜条件＞ THEN ＜语句＞ ELSE ＜语句＞

WHILE ＜条件＞ DO ＜语句＞

CASE ＜语句＞

DO ＜语句＞ UNTIL ＜条件＞

FOR…STEP…UNTIL…

（4）AFFIX 和 UNFIX 语句

在装配过程中经常出现将一个物体粘到另一个物体上或一个物体从另一个物体上剥离的操作。语句 AFFIX 为对两物体结合的操作，语句 AFFIX 为将两物体分离的操作。

例如：BEAM ＿ BORE 和 BEAM 分别为两个坐标系，执行语句

AFFIX BEAM ＿ BORE TO BEAM

后，两个坐标系就附着在一起了，即一个坐标系的运动也将引起另一个坐标系的同样运动。然后执行下面的语句

UNFIX BEAM ＿ BORE FROM BEAM

两坐标系的附着关系被解除。

（5）力觉的处理

在 MOVE 语句中，使用条件监控子语句可实现使用传感器信息来完成一定的动作。

监控子语句为

ON ＜条件＞ DO ＜动作＞

例如：

MOVE BARM TO ⊕ −0.1 ∗ INCHES ON FORCE（Z） >10 ∗ OUNCES DO STOP

表示在当前位置沿 Z 轴向下移动 0.1 英寸，如果感觉 Z 轴方向的力超过 10 盎司，则立即命令机械手停止运动。

【例 6.1】　用 AL 语言编制如图 6-2 所示机器人把螺栓插入其中一个孔里的作业。这个作业需要把机器人移至料斗上方 A 点，抓取螺栓，经过 B 点、C 点再把它移至导板孔上方的 D 点（见图 6-2），并把螺栓插入其中一个孔里。

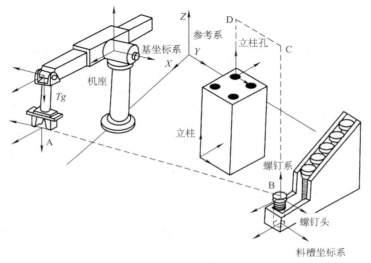

图 6-2　机器人把螺栓插入其中一个孔里的作业

编制这个程序采取的步骤是：

1）定义机座、导板、料斗、导板孔、螺栓柄等的位置和姿态。

2）把装配作业划分为一系列动作，如移动机器人、抓取物体和完成插入等。

3）加入传感器以发现异常情况和监视装配作业的过程。

4）重复步骤 1）～3），调试改进程序。

6.3.4　SIGLA 语言

SIGLA 是 20 世纪 70 年代后期意大利 OLiVetti 公司研制的一种简单的非文本型类语言。用于对直角坐标式的 SIGMA 型装配机器人进行数字控制。

SIGLA 可以在 RAM 大于 8KB 的微型计算机上执行，不需要后台计算机支持，在执行中解释程序和操作系统可由磁带输入，约占 4KB RAM，也可事先固化在 PROM 中。

SIGLA 类语言有多个指令字，它的主要特点是为用户提供定义机器人任务的能力。在 SIGMA 型机器人上，装配任务常由若干子任务组成：

1）取螺钉旋具。

2）在螺钉上料器上取螺钉 A。

3）搬运螺钉 A。

4）螺钉 A 定位。

5）将螺钉 A 装入。

6）上紧螺钉 A。

为了完成对子任务的描述及将子任务进行相应的组合，SIGLA 设计了 32 个指令定义字。要求这些指令定义字能够描述各种子任务，并将各子任务组合起来成为可执行的任务。这些指令字共分 6 类：输入输出指令；逻辑指令用于完成比较、逻辑判断，控制指令执行顺序；几何指令，用于定义子坐标系；调子程序指令；逻辑联锁指令，用于协调两个手臂的镜面对称操作；编辑指令。

6.3.5　C 语言

C 语言是 Combined Language（组合语言）的中英混合简称，是一种计算机程序设计语言。它既具有高级语言的特点，又具有汇编语言的特点。它可以作为工作系统设计语言，编写系统应用程序，也可以作为应用程序设计语言，编写不依赖计算机硬件的应用程序。因此，它的应用范围广泛，不仅仅是在软件开发方面，而且各类科研都需要用到 C 语言，具体应用有单片机以及嵌入式系统开发等。现在的机器人程序设计大多采用 C 语言，可以在不同的控制器之间方便地移植。

1. C 语言简介

C 语言是一种面向过程的计算机程序设计语言，它是目前众多计算机语言中举世公认的优秀的结构程序设计语言之一。它由美国贝尔实验室的 D. M. Ritchie 于 1972 年推出。1978后，C 语言已先后被移植到大、中、小及微型机上。

C 语言发展如此迅速，而且成为最受欢迎的语言之一，主要因为它具有强大的功能。许多著名的系统软件，如 DBASE Ⅳ，是由 C 语言编写的。用 C 语言加上一些汇编语言子程序，就更能显示 C 语言的优势了，像 PC-DOS 、WordStar 等就是用这种方法编写的。

C 语言是一种成功的系统描述语言，用 C 语言开发的 UNIX 操作系统就是一个成功的范例；同时 C 语言又是一种通用的程序设计语言，在国际上广泛流行。世界上很多著名的计算公司都成功地开发了不同版本的 C 语言，很多优秀的应用程序也都是使用 C 语言开发的。

1）C 是中级语言：它把高级语言的基本结构和语句与低级语言的实用性结合起来。C 语言可以像汇编语言一样对位、字节和地址进行操作，而这三者是计算机最基本的工作单元。

2）C 是结构式语言：结构式语言的显著特点是代码及数据的分隔化，即程序的各个部分除了必要的信息交流外彼此独立。这种结构化方式可使程序层次清晰，便于使用、维护以及调试。C 语言是以函数形式提供给用户的，这些函数调用方便，并具有多种循环、条件语句控制程序流向，从而使程序完全结构化。

3）C 语言功能齐全：C 语言具有各种各样的数据类型，并引入了指针概念，可使程序效率更高。另外，C 语言也具有强大的图形功能，支持多种显示器和驱动器，而且计算功能、逻辑判断功能也比较强大，可以实现决策目的的游戏。

4）C 语言适用范围广：C 语言适合于多种操作系统（如 Windows、DOS、UNIX 等），也适用于多种机型。

C 语言对编写需要硬件进行操作的场合，明显优于其他解释型高级语言，有一些大型应用软件也是用 C 语言编写的。

C 语言具有绘图能力强，可移植性，并具备很强的数据处理能力，因此适于编写系统软件，以及三维、二维图形和动画。它是数值计算的高级语言。

2. C 语言程序设计模板

本节内容结合 NXP 公司 ARM7 系列微控制器，并使用其软件开发工具 CodeWarrior 来介绍 C 语言机器人编程。CodeWarrior 可以提供良好的 ARM7 系列微控制器提供的 C 语言编译程序。

3. C 语言机器人编程实例——轮式移动机器人

（1）测试灰度传感器的数值

```
#include "MIIIRobot. H"  / * 头文件定义,请勿删除 */
void main( )
{
while(1)
{
    printf("% d % d % d % d % d ",AI(1),AI(0),AI(2),AI(3),AI(4)); //AI 函数读取
灰度传感器的数值
    wait(0.1);
}
}
```

（2）验证灰度传感器的数值

```
#include "MIIIRobot. H"
#define BLACK_PA_0    350//0 号灰度传感器判断范围
#define WHITE_PA_0    320
#define BLACK_PA_1    400//1 号灰度传感器判断范围
#define WHITE_PA_1    350
#define BLACK_PA_2    330//2 号灰度传感器判断范围
#define WHITE_PA_2    290
#define BLACK_PA_3    320//3 号灰度传感器判断范围
#define WHITE_PA_3    250
#define BLACK_PA_4    220//4 号灰度传感器判断范围
#define WHITE_PA_4    190
#define LINE          2
#define TRANSITON     1
#define BACKGR        0
int WHAT_IT_IS( int x)//(0 ~4)5 个灰度传感器
{
```

```
switch(x)
{
  case 0:
  {
    if(AI(x) > BLACK_PA_0) //如果 0 号传感器读出的数值大于 BLACK_PA_0 设
```
定的数值,说明 0 号传感器在黑色区域
```
    {
      return BACKGR;
    }
    else if( (AI(x) < = BLACK_PA_0)&& (AI(x) > = WHITE_PA_0)) //如果 0 号
```
传感器读出的数值小于 BLACK_PA_0 设定的数值并且大于 WHITE_PA_0 的数值,说明 0 号
传感器在灰色区域
```
    {
      return TRANSITON;
    }
    else if( AI(x) < WHITE_PA_0 )//如果 0 号传感器读出的数值小于 BLACK_PA_
```
0 设定的数值,说明 0 号传感器在白色区域
```
    {
      return LINE;
    }
    else
    {
      return 0xFFFFFFFF;
    }
  }
  case 1:
  {
    if(AI(x) > BLACK_PA_1)
    {
      return BACKGR;
    }
    else if( (AI(x) < = BLACK_PA_1)&& (AI(x) > = WHITE_PA_1))
    {
      return TRANSITON;
    }
    else if( AI(x) < WHITE_PA_1 )
    {
      return LINE;
    }
```

```
    else
    {
      return 0xFFFFFFFF;
    }
}
case 2:
{
  if( AI( x) > BLACK_PA_2)
  {
    return BACKGR;
  }
  else if( ( AI( x) < = BLACK_PA_2) && ( AI( x) > = WHITE_PA_2) )
  {
    return TRANSITON;
  }
  else if( AI( x) < WHITE_PA_2 )
  {
    return LINE;
  }
  else
  {
    return 0xFFFFFFFF;
  }
}
case 3:
{
  if( AI( x) > BLACK_PA_3)
  {
    return BACKGR;
  }
  else if( ( AI( x) < = BLACK_PA_3) && ( AI( x) > = WHITE_PA_3) )
  {
    return TRANSITON;
  }
  else if( AI( x) < WHITE_PA_3 )
  {
    return LINE;
  }
  else
```

```
            {
                return 0xFFFFFFFF;
            }
        }
    default :
        {
            if( AI( x) > BLACK_PA_4)
            {
                return BACKGR;
            }
            else if( ( AI( x) < = BLACK_PA_4) && ( AI( x) > = WHITE_PA_4))
            {
                return TRANSITON;
            }
            else if( AI( x) < WHITE_PA_4 )
            {
                return LINE;
            }
            else
            {
                return 0xFFFFFFFF;
            }
        }

    }
}
void main( )
{
while( 1)
{
printf( "% d % d % d % d % d ", WHAT_IT_IS( 1), WHAT_IT_IS( 0), WHAT_IT_IS( 2),
WHAT_IT_IS( 3), WHAT_IT_IS( 4));//WHAT_IT_IS 函数判断 5 个灰度传感器处在什么区
域里
    wait( 0. 1);
}
}
```

（3）测试 psd 的数值

```
#include " MIIIRobot. H"
int EyeExternAI( int Channel)//读距离传感器的数值
```

```
{
    int aival = 0;
    write(0x7000, Channel);
    aival = analogport(5);
    wait(0.002);
    return aival;
}

void main()
{
while(1)
{
    printf("%d, %d ,%d ", EyeExternAI(0), EyeExternAI(2), EyeExternAI(4));

    wait(0.3);
}
}
```

(4) 走直线测试

```
#include "MIIIRobot. H"
//试验两个电机的转速 (尽量保持同步)
void main()
{
SetMoto(0,40); SetMoto(1,40);
}
```

(5) 转弯测试

```
#include "MIIIRobot. H"
#define BLACK_PA_0    350//0 号灰度传感器判断的范围
#define WHITE_PA_0    260
#define BLACK_PA_1    380//1 号灰度传感器判断的范围
#define WHITE_PA_1    250
#define BLACK_PA_2    330//2 号灰度传感器判断的范围
#define WHITE_PA_2    240
#define BLACK_PA_3    320//3 号灰度传感器判断的范围
#define WHITE_PA_3    220
#define BLACK_PA_4    250//4 号灰度传感器判断的范围
#define WHITE_PA_4    190
#define LINE          2
#define TRANSITON     1
#define BACKGR        0
```

```
#define TURE          1
#define FALSE         0
//抬斗的角度
#define DOU_UP_DEG_1    -81
#define DOU_UP_DEG_2   74
//把斗放在中间的角度(注意不要太低,以防止遮挡 PSD)
#define DOU_MID_DEG_1    -61
#define DOU_MID_DEG_2   54
//放斗 铲球的角度
#define DOU_DOWN_DEG_1   16
#define DOU_DOWN_DEG_2    -16
//抬大斗的速度
#define UP_SPEED        12
#define DOWN_SPEED      22
//转弯速度
#define TURN_SPEED       40
//向前,转弯后的停车等待时间
#define STOP_TIME       0.6

int EyeExternAI( int Channel)//读距离传感器
{
    int aival = 0;
    write(0x7000,Channel);
    aival = analogport(5);
    wait(0.002);
    return aival;
}

int WHAT_IT_IS( int x)//(0 ~4)5 个灰度传感器
{
    switch(x)
    {
      case 0:
      {
        if( AI(x) > BLACK_PA_0)//如果0 号传感器读出的数值大于 BLACK_PA_0 设定
的数值,说明0 号传感器在黑色区域
        {
            return BACKGR;
        }
```

```
        else if( ( AI( x) < = BLACK_PA_0) && ( AI( x) > = WHITE_PA_0))//如果 0 号
传感器读出的数值小于 BLACK_PA_0 设定的数值并且大于 WHITE_PA_0 的数值,说明 0 号
传感器在灰色区域
        {
          return TRANSITON;
        }
        else if( AI( x) < WHITE_PA_0)//如果 0 号传感器读出的数值小于 BLACK_PA_0
设定的数值,说明 0 号传感器在白色区域
        {
          return LINE;
        }
        else
        {
          return 0xFFFFFFFF;
        }
      }
    case 1:
      {
        if( AI( x) > BLACK_PA_1)
        {
          return BACKGR;
        }
        else if( ( AI( x) < = BLACK_PA_1) && ( AI( x) > = WHITE_PA_1))
        {
          return TRANSITON;
        }
        else if( AI( x) < WHITE_PA_1 )
        {
          return LINE;
        }
        else
        {
          return 0xFFFFFFFF;
        }
      }
    case 2:
      {
        if( AI( x) > BLACK_PA_2)
        {
```

```
      return BACKGR;
    }
  else if( ( AI( x ) < = BLACK_PA_2 )&&( AI( x ) > = WHITE_PA_2 ) )
    {
      return TRANSITON;
    }
  else if( AI( x ) < WHITE_PA_2 )
    {
      return LINE;
    }
  else
    {
      return 0xFFFFFFFF;
    }
  }
case 3 :
  {
    if( AI( x ) > BLACK_PA_3 )
      {
        return BACKGR;
      }
    else if( ( AI( x ) < = BLACK_PA_3 )&&( AI( x ) > = WHITE_PA_3 ) )
      {
        return TRANSITON;
      }
    else if( AI( x ) < WHITE_PA_3 )
      {
        return LINE;
      }
    else
      {
        return 0xFFFFFFFF;
      }
  }
default :
  {
    if( AI( x ) > BLACK_PA_4 )
      {
        return BACKGR;
```

```
        }
        else if((AI(x) < =BLACK_PA_4)&&(AI(x) > =WHITE_PA_4))
        {
          return TRANSITON;
        }
        else if(AI(x) <WHITE_PA_4)
        {
          return LINE;
        }
        else
        {
          return 0xFFFFFFFF;
        }
    }

}
//向右转
void TurnRight()
{
  SetMoto(0,50);SetMoto(1,50);
  //开始以 TURN_SPEED 的速度转弯
  SetMoto(0,TURN_SPEED);
  SetMoto(1, -TURN_SPEED);
  //根据速度的不同,需要调整的(开始转弯时,避开第一个可能引起干扰的白线)
  wait(0.6);
  while(1)
  {
    if(WHAT_IT_IS(2) = =LINE)   //2 -》1, 0 LINE -》过渡带
    {
      wait(0.005);
      if(WHAT_IT_IS(2) = =LINE)
      {
        wait(0.005);
        if(WHAT_IT_IS(2) = =LINE)
      {
        //停车
        SetMoto(0,0);
        SetMoto(1,0);
```

```
            //停车时间(最好是停车后,上面的都不要摇晃得太厉害)
            wait(STOP_TIME);
            return;
          }
        }
      }
    }
  }
//向左转
void Turnleft()
  {
    SetMoto(0,50);SetMoto(1,50);
    SetMoto(0, - TURN_SPEED);
    SetMoto(1,TURN_SPEED);
    wait(0.6);
    while(1)
      {
        if(WHAT_IT_IS(1) = = LINE)
          {
            SetMoto(0,0);
            SetMoto(1,0);
            wait(STOP_TIME);
            return;
          }
      }
  }


// n - - - >向前走几步
// p - - - >函数指针
// nSpeed - >前行速度
void RunForward(int n, int ( * p)(void),int nSpeed)
  {
    //////////调整系数////////
    float f_pai = 1.5;
    ////////////////////////
    int n_motoSpeed = nSpeed;
    int n_Temp = 0;
    int n_Count = 0; //记录所经过白色区域的个数
    int n_buf = 0;
```

```
wait(0.8);
while(1)
{
    if(WHAT_IT_IS(4) == LINE)
    {
        wait(0.005);
        if(WHAT_IT_IS(4) == LINE)
        {
            wait(0.005);
            if(WHAT_IT_IS(4) == LINE)
            {
                n_Temp = 1;
            }
        }
    }
    if(n_Temp == 1 &&(WHAT_IT_IS(4) == BACKGR))
    { wait(0.005);
        if(n_Temp == 1 &&(WHAT_IT_IS(4) == BACKGR))
        {
        n_Count ++;
        n_Temp = 0;
        }
    }
    //if(WHAT_IT_IS(3) == LINE && n_Count >= n)
    if((WHAT_IT_IS(3) == LINE && n_Count >= n)||
        (p() == TURE))
    {
        SetMoto(0, -30);
        SetMoto(1, -30);
        wait(0.1);
        SetMoto(0,0);
        SetMoto(1,0);
        wait(STOP_TIME);
        return;
    }
    if(WHAT_IT_IS(0) == LINE)
    {
        SetMoto(0,50);SetMoto(1,50);
        SetMoto(0,n_motoSpeed);
```

```
    SetMoto(1,n_motoSpeed);
  if((WHAT_IT_IS(1) = =LINE && WHAT_IT_IS(2) = =LINE)||
    WHAT_IT_IS(1) = =BACKGR && WHAT_IT_IS(2) = =BACKGR)
  {
  SetMoto(0,50);SetMoto(1,50);
    SetMoto(0,n_motoSpeed);
    SetMoto(1,n_motoSpeed);
  }
  else if(WHAT_IT_IS(1) = =LINE && WHAT_IT_IS(2)! =LINE)
  {//turn left
  SetMoto(0,50);SetMoto(1,50);
    SetMoto(0,(int) -18 * f_pai);
    SetMoto(1,(int)24 * f_pai);
  }


  else if(WHAT_IT_IS(2) = =LINE && WHAT_IT_IS(1)! =LINE)
  {//turn right
  SetMoto(0,50);SetMoto(1,50);
    SetMoto(0,(int)24 * f_pai);
    SetMoto(1,(int) -18 * f_pai);
  }
}
else if(WHAT_IT_IS(0)! =LINE)
{
  if(WHAT_IT_IS(1) = =LINE)
  {//turn right
  SetMoto(0,50);SetMoto(1,50);
    SetMoto(0,(int) -18 * f_pai);
    SetMoto(1,(int)24 * f_pai);
  }
  else if(WHAT_IT_IS(1) = =TRANSITON)
  {
  SetMoto(0,50);SetMoto(1,50);
    SetMoto(0,(int)16 * f_pai);
    SetMoto(1,(int)22 * f_pai);
  }
  else if(WHAT_IT_IS(2) = =LINE)
  {//turn left
  SetMoto(0,50);SetMoto(1,50);
```

```
        SetMoto(0,(int)24 * f_pai);
        SetMoto(1,(int) -18 * f_pai);
      }
      else if(WHAT_IT_IS(2) = = TRANSITON)
      {
    SetMoto(0,50);SetMoto(1,50);
        SetMoto(0,(int)22 * f_pai);
        SetMoto(1,(int)16 * f_pai);
      }
    }
  }
}
//检查前方 DISTANCE 距离内是否有物体
int CheckFront(void)
{
  if(EyeExternAI(0) > = DISTANCE)
    return TURE;
  else
    return FALSE;
}
//不用 PSD
int eye_no_use(void)
{
return FALSE;
}

void main()
{
    int m = 0;
    int n = 0;
  int nSpeed = 35;//前进的速度
  ////函数指针的声明////
  int( * p)(void);
  int( * p1)(void);
  p1 = CheckFront;
  p = eye_no_use;
while(1)
{
RunForward(2,p,nSpeed);
```

```
Turnleft( );
RunForward(2,p,nSpeed);
TurnRight( );
RunForward(2,p,nSpeed);
TurnRight( );
RunForward(2,p,nSpeed);
TurnRight( );
RunForward(2,p,nSpeed);
TurnRight( );
RunForward(2,p,nSpeed);
Turnleft( );
RunForward(2,p,nSpeed);
Turnleft( );
RunForward(2,p1,nSpeed);
Turnleft( );
}
}
```

6.4　机器人的离线编程和自主编程

工业机器人广泛应用于焊接、装配、搬运、喷漆及打磨等领域，任务的复杂程度不断增加，而用户对产品的质量、效率的追求越来越高。在这种形势下，机器人的编程方式、编程效率和质量显得越来越重要。降低编程的难度和工作量，提高编程效率，实现编程的自适应性，从而提高生产效率，是机器人编程技术发展的终极追求。对工业机器人来说，主要有三类编程方法：示教在线编程、离线编程以及自主编程。在当前机器人的应用中，编程仍然主宰着整个机器人焊接领域，离线编程适合于结构化焊接环境，但对于轨迹复杂的三维焊缝，编程不但费时而且也难以满足焊接精度要求，因此在视觉导引下由计算机控制机器人自主示教取代手工示教已成为发展趋势。

表 6-2 为示教在线编程、离线编程两种机器人编程方式的比较。

表 6-2　两种机器人编程方式的比较

示教在线编程	离线编程
需要实际机器人系统和工作环境	需要机器人系统和工作环境的图形模型
在实际系统上试验程序	通过仿真软件试验程序
编程时需要停止工作	可在机器人工作情况下编程
很难实现复杂的机器人运动轨迹	可实现复杂运动轨迹的编程
编程质量取决编程者的经验	可通过 CAD 的方法，进行最佳轨迹规划

示教在线型机器人在实际生产应用中存在的主要技术问题有：

● 机器人的示教在线编程过程烦琐、效率低。

● 示教的精度完全靠示教者的经验目测决定，对于复杂路径难以取得令人满意的示教效果。

● 对于一些需要根据外部信息进行实时决策的应用无能为力。

离线编程系统可以简化机器人编程进程，提高编程效率，是实现系统集成的必要的软件支撑系统。与示教编程相比，离线编程系统具有如下优点：

● 减少机器人停机的时间，当对下一个任务进行编程时，机器人可仍在生产线上工作。

● 使编程者远离危险的工作环境，改善了编程环境。

● 离线编程系统使用范围广，可以对各种机器人进行编程，并能方便地实现优化编程。

● 便于和 CAD/CAM 系统结合，做 CAD/CAM/ROBOTICS 一体化。

● 可使用高级计算机编程语言对复杂任务进行编程。

● 便于修改机器人程序。因此，离线编程引起了人们的广泛重视，并成为机器人学中一个十分活跃的研究方向。

6.4.1　机器人离线编程概述

机器人离线编程系统是利用计算机图形学的成果，建立起机器人及其工作环境的几何模型，再利用一些规划算法，通过对图形的控制和操作，在离线的情况下进行轨迹规划。通过对编程结果进行三维图形动画仿真，以检验编程的正确性，最后将生成的代码传到机器人控制柜，以控制机器人运动，完成给定任务。

1. 离线编程的主要内容

机器人离线编程系统是机器人编程语言的拓广，通过该系统可以建立机器人和 CAD/CAM 之间的联系。设计编程系统应考虑以下几方面内容：

1）所编程的工作过程的知识。

2）机器人和工作环境三维实体模型。

3）机器人几何学、运动学和动力学的知识。

4）基于图形显示的软件系统、可进行机器人运动的图形仿真。

5）轨迹规划和检查算法，如检查机器人关节角超限、检测碰撞以及规划机器人在工作空间的运动轨迹等。

6）传感器的接口和仿真，以利用传感器的信息进行决策和规划。

7）通信功能，以完成离线编程系统所生成的运动代码到各种机器人控制柜的通信。

8）用户接口，以提供有效的人机界面，便于人工干预和进行系统的操作。

另外，由于离线编程系统是基于机器人系统的图形模型来模拟机器人在实际环境中的工作进行编程的，因此为了使编程结果能很好地符合实际情况，系统应能够计算仿真模型和实际模型之间的误差，并尽量减少二者间的误差。

2. 离线编程系统的组成

机器人离线编程系统的组成如图 6-3 所示。一般说来，机器人离线编程系统包括以下一些主要模块：传感器、机器人系统 CAD 建模、离线编程、图形仿真、人机界面以及后置处理等。

（1）用户接口

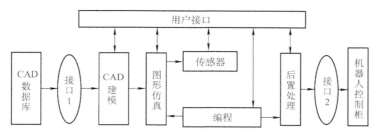

图 6-3　机器人离线编程系统组成

离线编程系统的一个关键问题是能否方便地产生出机器人编程系统的环境，便于人机交互。因此，用户接口是很重要的。工业机器人一般提供两个用户接口：一个用于示教编程；另一个用于离线编程。示教编程可以用示教盒直接编制程序。离线编程则是利用机器人编程语言进行程序编制，目的都是使机器人完成给定的任务。

（2）CAD 建模

机器人编程的核心技术是机器人及其工作单元的图形描述。建立工作单元中的机器人、夹具、零件和工具的三维几何模型，一般多采用零件和工具的 CAD 模型。CAD 建模需要完成以下任务：零件建模、设备建模、系统设计和布置、几何模型图形处理等。因为利用现有的 CAD 数据及机器人理论结构参数所构建的机器人模型与实际模型之间存在着误差，所以必须对机器人进行标定，对其误差进行测量、分析并不断校正所建模型。随着机器人应用领域的不断扩大，机器人作业环境的不确定性对机器人作业任务有着十分重要的影响，固定不变的环境模型是不够的，极可能导致机器人作业的失败。因此，如何对环境的不确定性进行抽取，并以此动态修改环境模型，是机器人离线编程系统实用化的一个重要问题。

（3）图形仿真

离线编程系统的一个重要作用能够离线调试程序，而离线调试最直观有效的方法是在不接触实际机器人及其工作环境的情况下，利用图形仿真技术模拟机器人的作业过程，提供一个与机器人进行交互作用的虚拟环境。计算机图形仿真是机器人离线编程系统的重要组成部分，它将机器人仿真的结果以图形的形式显示出来，直观地显示出机器人的运动状况，从而可以得到从数据曲线或数据本身难以分析出来的许多重要信息，离线编程的效果正是通过这个模块来验证的。随着计算机技术的发展，在 PC 的 Windows 平台上可以方便地进行三维图形处理，并以此为基础完成 CAD、机器人任务规划和动态模拟图形仿真。一般情况下，用户在离线编程模块中为作业单元编制任务程序，经编译连接后生成仿真文件。在仿真模块中，系统解释控制执行仿真文件的代码，对任务规划和路径规划的结果进行三维图形动画仿真，模拟整个作业的完成情况，检查发生碰撞的可能性及机器人的运动轨迹是否合理，并计算机器人的每个工步的操作时间和整个工作过程的循环时间，为离线编程结果的可行性提供参考。

（4）编程

编程部分包括机器人及周边设备的作业任务描述（包括路径点的设定）、建立变换方程、求解未知矩阵及编制任务程序等。在进行图形仿真以后，根据动态仿真的结果，对程序做适当的修正，以达到满意效果，最后在线控制机器人运动以完成作业。一般的机器人语言采用了计算机高级程序语言中的程序控制结构，并根据机器人编程的特点，通过设计专用的机器人控制语句及外部信号交互语句来控制机器人的运动，从而增强了机器人作业描述的灵活性。机器人离线编程系统所需要的机器人编程语言是把机器人几何特性和运动特性封装在一块，并为之提供了通用的接口。通过这种接口，可方便地与各种对象包括传感器对象打交道。由于语言能对几何信息直接进行操作且具有空间推理功能，因此它能方便地实现自动规划和编程。

（5）传感器

随着机器人技术的发展，传感器在机器人作业中起着越来越重要的作用，对传感器的仿真已成为机器人离线编程系统中必不可少的一部分，并且也是离线编程能够实用化的关键。利用传感器的信息能够减少仿真模型与实际模型之间的误差，增加系统操作和程序的可靠性，提高编程效率。对于有传感器驱动的机器人系统，由于传感器产生的信号会受到多方面因素的干扰（如光线条件、物理反射率、物体几何形状以及运动过程的不平衡性等），使得基于传感器的运动不可预测。传感器技术的应用使机器人系统的智能性大大提高，机器人作业任务已离不开传感器的引导。因此，离线编程系统应能对传感器进行建模，生成传感器的控制策略，对基于传感器的作业任务进行仿真。

（6）后置处理

后置处理的主要任务是把离线编程的源程序编译为机器人控制系统能够识别的目标程序，即当作业程序的仿真结果完全达到作业的要求后，将该作业程序转换成目标机器人的控制程序和数据，并通过通信接口装到目标机器人控制柜，驱动机器人去完成指定的任务。由于机器人控制柜的多样性，要设计通用的通信模块比较困难，因此一般采用后置处理，将离线编程的最终结果翻译成目标机器人控制柜可以接受的代码形式，然后实现加工文件的上传及下载。机器人离线编程中，仿真所需数据与机器人控制柜中的数据是有些不同的，所以离线编程系统中生成的数据有两套：一套供仿真用，一套供控制柜使用，这些都是由后置处理进行操作的。

6.4.2　机器人离线编程技术的现状及发展趋势

1. 离线编程技术现状

目前国际市场上已有基于普通 PC 的商用机器人离线编程软件，如 Workspace，ROBCAD，IGRIP 等。

Workspace 是 Robot Simulations 公司开发的第一个商品化的基于微机的机器人仿真与离线编程软件。该软件最新版本采用了 ACIS 作为建模核心，与一些基于微机的 CAD 系统如 AutoCAD 做到了很好的数据交换。

自 1986 年开始，以色列 Tecnomatix 公司的 RobCAD （eM-Workplace）已在工业生产中得到了广泛的应用，美国福特、德国大众、意大利菲亚特等多家汽车公司，美国洛克希德宇航局都使用 RobCAD 进行生产线的布局设计、工厂仿真和离线编程。2004 年，Tecnomatix 公司被美国 UGS 并购，2007 年西门子公司将 UGS 收入旗下，ROBCAD 成为西门子完整的产品生命周期管理软件——Siemens PLM Software 中的一个重要组成部分。

另一个著名的机器人离线编程与仿真软件包是 IGRIP，它是美国 Deneb Robotics 公司推出的交互式机器人图形编程与仿真软件包，主要用于机器人工作单元布置、仿真及离线编程。IGRIP 可在 SGI、HP、SUN 等公司开发的工作站上运行。IGRIP 软件分还通过一个共享库为用户提供一些更高级的功能。

国内在机器人离线编程方面,哈尔滨工业大学、北京工业大学、南京理工大学等单位开展了研究工作,其中哈尔滨工业大学在十几年前便开展了研究工作,研究水平在国内处于领先地位,相继开发出了 RAWCAD 等机器人弧焊离线编程系统,并在一些产品上得到了应用。

2. 离线编程技术的发展趋势

离线编程技术要在以下几方面不断研究和发展:

1)多媒体技术在机器人离线编程中的研究和应用。友好的人机界面、直观的图形显示及生动的语言信息都是离线编程系统所需要的。

2)多传感器的融合技术的建模与仿真。随着机器人智能化的提高,传感器技术在机器人系统中的应用越来越重要,因而需要在离线编程系统中对多传感器进行建模,实现多传感器的通信,执行基于多传感器的操作。

3)各种规划算法的进一步研究。其包括路径规划、抓取规划和细微运动规划等。规划一方面要考虑到环境的复杂性、运动性和不确定性,另一方面又要充分注意计算的复杂性。

4)错误检测和修复技术。系统执行过程中发生错误是难免的,应对系统的运行状态进行检测以监视错误的发生,并采用相应的修复技术。此外,最好能达到错误预报,以避免不可恢复动作错误的发生。

5)研究一种通用有效的误差标定技术,以应用于各种实际应用场合的机器人的标定。

6.4.3　机器人自主编程技术

离线编程不占用机器人在线时间,提高了设备利用率,同时离线编程技术本身是 CAD/CAM 一体化的组成部分,可以直接利用 CAD 数据库的信息,大大减少了编程时间,这对于复杂任务是非常有用的。但由于目前商业化的离线编程软件成本较高,使用复杂,所以对于中小型机器人企业用户而言,软件的性价比不高。

另外,目前市场上的离线编程软件还没有一款能够完全覆盖离线编程的所有流程,而是几个环节独立存在。对于复杂结构的弧焊,离线编程环节中的路径标签建立、轨迹规划、工艺规划是非常繁杂耗时的。拥有数百条焊缝的车身要创建路径标签,为了保证位置精度和合适的姿态,操作人员可能要花费数周的时间。尽管像碰撞检测、布局规划和耗时统计等功能已包含在路径规划和工艺规划中,但到目前为止,还没有离线编程软件能够提供真正意义上的轨迹规划,而工艺规划则依赖于编程人员的工艺知识和经验。

随着技术的发展,各种跟踪测量传感技术日益成熟,人们开始研究以焊缝的测量信息为反馈,由计算机控制焊接机器人进行焊接路径的自主示教技术。

1. 基于激光结构光的自主编程

基于结构光的路径自主规划原理是将结构光传感器安装在机器人的末端,形成"眼在手上"的工作方式,如图 6-4 所示,利用焊缝跟踪技术逐

图 6-4　基于结构光的路径自主编程

点测量焊缝的中心坐标，建立起焊缝轨迹数据库，在焊接时作为焊枪的路径。

韩国 Pyunghyun Kim 将线结构光视觉传感器安装在 6 自由度焊接机器人末端，对结构化环境下的自由表面焊缝进行了自主示教。在焊缝上建立了一个随焊缝轨迹移动的坐标来表达焊缝的位置和方向，并与连接类型（搭接、对接、V 形）结合形成机器人焊接路径，其中还采用了 3 次样条函数对空间焊缝轨迹进行拟合，避免了常规的直线连接造成的误差。

2. 基于双目视觉的自主编程

基于视觉反馈的自主示教是实现机器人路径自主规划的关键技术，其主要原理是：在一定条件下，由主控计算机通过视觉传感器沿焊缝自动跟踪、采集并识别焊缝图像，计算出焊缝的空间轨迹和方位（即位姿），并按优化焊接要求自动生成机器人焊枪（Torch）的位姿参数。

3. 多传感器信息融合自主编程

有研究人员采用力控制器、视觉传感器以及位移传感器构成一个高精度自动路径生成系统，系统配置如图 6-5 所示，该系统集成了位移、力、视觉控制，引入视觉伺服，可以根据传感器反馈信息来执行动作。该系统中机器人能够根据记号笔所绘制的线自动生成机器人路径，位移控制器用来保持机器人 TC P 点的位姿，视觉传感器用来使得机器人自动跟随曲线，力传感器用来保持 TCP 点与工件表面距离恒定。

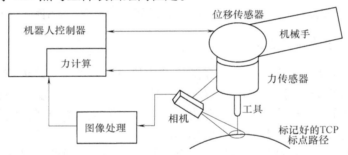

图 6-5　基于视觉、力和位置传感器的路径自动生成系统

6.4.3　编程技术的发展趋势

随着视觉技术、传感技术、智能控制、网络和信息技术以及大数据等技术的发展，未来的机器人编程技术将会发生根本的变革，主要表现在以下几个方面：

1）编程将会变得简单、快速、可视、模拟和仿真立等可见。

2）基于视觉、传感、信息和大数据技术，感知、辨识、重构环境和工件等的 CAD 模型，自动获取加工路径的几何信息。

3）基于互联网技术实现编程的网络化、远程化、可视化。

4）基于增强现实技术实现离线编程和真实场景的互动。

5）根据离线编程技术和现场获取的几何信息自主规划加工路径、焊接参数并进行仿真确认。

总之，今后，传统的在线示教编程将只在很少的场合得到应用，比如空间探索、水下、核电等，而离线编程技术将会得到进一步发展，并与 CAD/CAM、视觉技术、传感技术、互联网、大数据、增强现实等技术深度融合，自动感知、辨识和重构工件和加工路径等，实现路径的自主规划、自动纠偏和自适应环境。

小　　结

　　本章讨论的机器人程序设计问题是机器人运动和控制的结合点，也是机器人系统的灵魂。首先，研究了对机器人编程的要求。这些要求包括能够建立世界模型、能够描述机器人的作业和运动、允许用户规定执行流程、要有良好的编程环境以及需要功能强大的人机接口，并能综合传感信号等。

　　接着讨论机器人编程语言的分类问题。按照机器人作业水平的高低，把机器人编程语言分为三级，即动作级、对象级和任务级。这些层级的编程语言各有特点，并适于不同的应用。除了本章讨论的以机器人作业水平分类外，还有把机器人编程分为通用计算机语言编程和专用机器人语言编程两类。本章所讨论的机器人编程问题，实际上均为专用机器人语言编程。曾用于机器人编程的通用计算机语言有汇编语言、BASIC、FORTRAN、Pascal、FORTH、C、C++和 Java 语言等。限于篇幅，本章没有介绍用通用计算机语言进行机器人编程。

　　本章 6.2 节涉及机器人语言系统的结构和基本功能。一个机器人语言系统应包括机器人语言本身、操作系统和处理系统等，它能够支持机器人编程、控制、各种接口以及与计算机系统通信。

　　机器人编程语言具有运算、决策、通信、描述机械手运动、描述工具指令和处理传感数据等功能。6.3 节介绍了专用机器人语言，并介绍了 VAL、SIGLA、IML、AL 等语言。在介绍这些语言时，讨论了它们的特点、功能、指令或语句以及适应性等。

　　本章最后 6.4 节讨论了机器人的离线编程及自由编程，包括机器人离线编程系统的特点和要求及机器人离线编程系统的系统组成。

　　机器人离线编程是机器人编程语言的拓展，它比传统的示教编程具有一系列优点。离线编程系统不仅是机器人实际应用的必要手段，也是开发任务规划的有力工具，并可以建立 CAD/CAM 与机器人之间的联系。

　　离线编程技术的发展趋势，三种自主的编程方式及编程技术今后的发展趋势。

思　考　题

6.1　简述机器人对编程的要求。

6.2　机器人编程语言的类型有哪些?

6.3　简述 C 语言的特点、优势和不足。

6.4　简述离线编程系统的组成。

6.5　通过调研，试编写关于离线编程发展趋势的报告。

第7章 机器人的应用

7.1 机器人应用概述

自从 20 世纪 60 年代初人类创造了第一台工业机器人以后，机器人就显示出它极大的生命力，伴随着日本汽车工业的崛起，工业机器人被引入到汽车产业中。80 年代，德国将工业机器人引入到纺织业中，90 年代后随着技术的进步，工业机器人逐步扩展到制造、安装、检测、物流等生产环节，并广泛应用于汽车整车及零部件、电子电器、轨道交通、电气电力、军工、海洋勘探、航空航天、冶金、印刷出版、家电家具等众多行业。随着工业机器人向深度和广度发展以及机器人智能化的提高，机器人的应用范围将继续不断扩大。

工业机器人在各行业的应用见图 7-1 所示。

行业	具体应用
汽车及其零部件	弧焊；点焊；搬运；装配；冲压；喷涂；切割(激光、离子)等
电子、电气	搬运；洁净装配；自动传输；打磨；真空封装；检测；拾取等
化工、纺织	搬运；包装；码垛；称重；切割；检测；上下料等
机械基础件	工件搬运；装配；检测；焊接；铸件去毛刺；研磨；切割 (激光、离子)；包装；码垛；自动传送等
电力、核电	布线；高压检查；核反应堆检修、拆卸等
食品、饮料	包装；搬运；真空包装
塑料、轮胎	上、下料；去毛边
冶金、钢铁	钢、合金锭搬运；码垛；铸件去毛刺；浇口切割
家电、家具	装配；搬运；打磨；抛光；喷漆；玻璃制品切割、雕刻
海洋勘探	深水勘探；海底维修、建造
航空航天	空间站检修；飞行器修复；资料收集
军事	防爆；排雷；兵器搬运；放射性检测

图 7-1　工业机器人在各行业的应用

美国、日本、欧洲在机器人行业发展处于世界领先地位，但它们的优势领域各不相同。日本在工业机器人、家用机器人方面优势明显，欧洲在工业机器人和医疗机器人领域居于领先地位，美国主要优势在系统集成领域、医疗机器人和国防军工机器人。

从发达国家应用工业机器人过程来看，工业机器人的应用主要取决于当时工业机器人技术发展的程度和本国的工业结构。工业机器人技术的发展为下游应用领域提供性能可靠的工业机器人产品，以满足下游"标准化流程"的生产；而本国的工业结构决定了工业机器人应用的广度和深度，图 7-2 为发达国家工业机器人应用领域图。

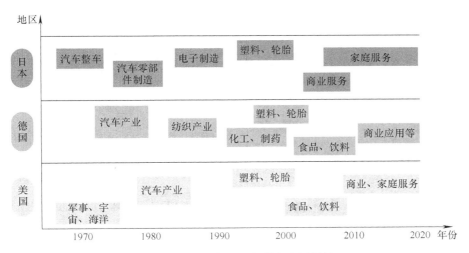

图 7-2 发达国家工业机器人应用领域

如图 7-3 所示，从 20 世纪 90 年代开始机器人销量一直稳中有升，2008 年第四季度起，全球金融风暴导致工业机器人的销量急剧下滑。随着全球经济从 2009 年的谷底复苏，2010 年全球工业机器人市场逐渐由 2009 年的谷底恢复。截至 2012 年底，全球机器人累计销量达到 247 万台。机器人平均使用寿命为 12 年，最长 15 年。估计现在全球机器人存量在 120 万台 ~ 150 万台。

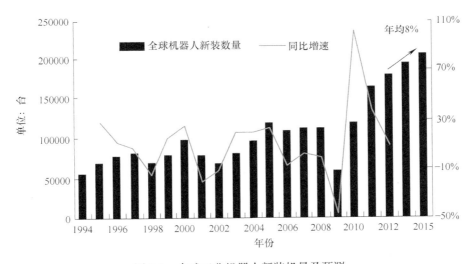

图 7-3 全球工业机器人新装机量及预测

目前亚洲是全球工业机器人销售的主要地区，如图 7-4 所示，日本、韩国、中国占全球比例分别为 17%、15%、14%。欧洲是第二大销售地区，其中德国、意大利占全球比例分别为 12%、3%。美洲是第三大销售地区，需求主要来自美国，美国占全球比例为 12%。

如图 7-5 所示，工业机器人主要用于汽车、电子行业，这两个行业占比达到 59%，其中汽车行业机器人密度已经成为衡量一个国家智能化水平的重要指标。

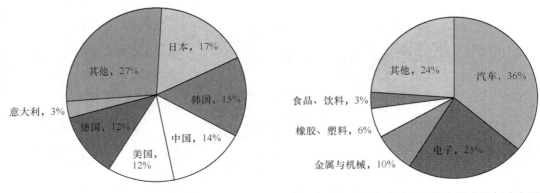

图 7-4　2011 年全球工业机器人销售量分布图　　　　图 7-5　2011 年全球工业机器人需求比例分布图

如图 7-6 所示，从 2010 年开始，中国工业机器人需求激增，市场销量为 14980 台，2011 年达到 22577 台，同比增长 50.7%；2012 年中国工业机器人销量 26902 台，产值约 85 亿元，相关配套产值近 200 亿元（机器人系统市场规模一般为机器人单体的 3 倍）。截止 2012 年底，共累计安装工业机器人超过 10 万台。

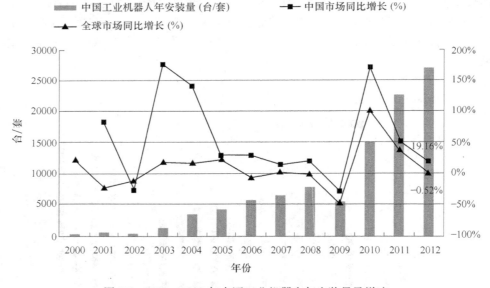

图 7-6　2002—2012 年中国工业机器人年安装量及增速

7.2　机器人的典型应用

7.2.1　焊接机器人

焊接机器人是从事焊接（包括切割与喷涂）的工业机器人。根据国际标准化组织（ISO）对工业机器人及焊接机器人的定义，工业机器人是一种多用途的、可重复编程的自动控制操作机（Manipulator），具有 3 个或更多可编程的轴，用于工业自动化领域。为了适应不同的用途，机器人最后一个轴的机械接口，通常是一个连接法兰，可接装不同工具或称末端执行器。焊接机器人就是在工业机器人的末轴法兰装接焊钳或焊（割）枪的，使之能进行焊接、切割或热喷涂。

　　焊接作为工业"裁缝"，是工业生产中非常重要的加工手段。同时，焊接生产中存在烟尘、弧光、金属飞溅等情况，焊接的工作环境非常恶劣，又因为焊接的好坏对产品质量起决定性的作用，因此应用焊接机器人有以下优点：

　　1）稳定和提高焊接质量，保证其均一性：焊接参数（如焊接电流、电压、焊接速度及焊接干伸长度等）对焊接结果起决定作用。采用机器人焊接时，对于每条焊缝的焊接参数都是恒定的，焊缝质量受人的因素影响较小，降低了对工人操作技术的要求，因此焊接质量是稳定的。而人工焊接时，焊接速度、干伸长等都是变化的，因此很难做到质量的均一性。

　　2）改善了工人的劳动条件：采用机器人焊接工人只是用来装卸工件，远离了焊接弧光、烟雾和飞溅等。对于点焊来说，工人不再搬运笨重的手工焊钳，使工人从大强度的体力劳动中解脱出来。

　　3）提高劳动生产率：机器人没有疲劳，一天可 24h 连续生产。另外，随着高速高效焊接技术的应用，使用机器人焊接，效率提高将更加明显。

　　4）产品周期明确，容易控制产品产量：机器人的生产节拍是固定的，因此安排生产计划非常明确。

　　5）可缩短产品改型换代的周期，减小相应的设备投资：可实现小批量产品的焊接自动化。机器人与专机的最大区别就是它可以通过修改程序以适应不同工件的生产。

　　因此，焊接机器人广泛地应用于现代制造业，主要分布在汽车制造和汽车零部件、摩托车制造、工程机械、机车车辆、家用电器等行业。作为支柱产业的汽车制造和汽车零部件行业应用更为广泛，占焊接机器人应用比例的 3/4。

　　焊接机器人系统就硬件来说主要由以下部分组成（如图 7-7 所示）：

　　1）焊接机器人本体：包括配套焊接电源系统、焊枪系统以及控制器。根据焊接电源的种类和应用广泛程度可主要分为弧焊机器人和阻焊机器人。

　　2）焊接工装夹具：主要满足工件的定位、装夹，确保工件准确定位、减小焊接变形。同时要满足柔性化生产要求。所谓柔性化，就是要求焊接工装夹具在夹具平台上快速更换，包括气、电的快速切换。

　　3）夹具平台：夹具平台用于满足焊接工装夹具的安装和定

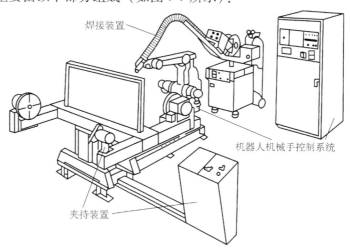

图 7-7　焊接机器人基本构成

位，根据工件焊接生产要求和焊接工艺要求的不同，其设计的形式也不同。它对焊接机器人系统的应用效率起到至关重要的作用。通常都以它的设计形式和布局来确定其工作方式。

　　4）控制系统：主要对焊接机器人系统的硬件的电气系统控制，通常采用 PLC 为主控单元，人机界面触摸屏为参数设置和监控单元以及按钮站。

焊接机器人可以按用途、结构、控制方式等不同的方法来分类，一般按照用途把焊接机器人分为点焊机器人及弧焊机器人两类。

1. 点焊机器人

（1）概述

点焊机器人的典型应用领域是汽车工业。一般装配每台汽车车体大约需要完成 3000 ~ 4000 个焊点，而其中的 60% 是由机器人完成的。在有些大批量汽车生产线上，服役的机器人台数甚至高达 150 台。汽车工业引入机器人已取得了下述明显效益：改善多品种混流生产的柔性；提高焊接质量；提高生产率；把工人从恶劣的作业环境中解放出来。今天，机器人已经成为汽车生产行业的支柱。

最初，点焊机器人只用于增强焊点作业（往已拼接好的工件上增加焊点）。后来，为了保证拼接精度，电焊机器人又要完成定位焊作业，这样，点焊机器人逐渐被要求具有更全的作业性能。具体要求为

1）安装面积小，工作空间大。

2）快速完成小节距的多点定位（如每 0.3 ~ 0.4s 移动 30 ~ 50mm 节距后定位）。

3）定位精度高（±0.25mm），以确保焊接质量。

4）持重大（50 ~ 1000kg），以便携带内装变压器的焊钳。

5）示教简单，节省工时；安全可靠性好。

表 7-1 列举了生产现场使用的点焊机器人的分类、特点和用途。在驱动形式方面，由于电伺服技术的迅速发展，液压伺服在机器人中的应用逐渐减少，甚至大型机器人也在朝电动机驱动方向过渡。随着微电子技术的发展，机器人技术在性能、小型化、可靠性以及维修等方面日新月异；在机型方面，尽管主流仍是多用途的大型 6 轴垂直多关节机器人，但是，出于机器人加工单元的需要，一些汽车制造厂家也进行开发立体配置 3 ~ 5 轴小型专用机器人的尝试。

表 7-1　点焊机器人的分类、特点和用途

分　类	特　征	用　途
垂直多关节型（落地式）	工作空间/安装面积之比大，持重多数为 1000N 左右，有时还可以附加整机移动自由度	主要用于增强焊点作业
垂直多关节型（悬挂式）	工作空间均在机器人的下方	车体的拼接作业
直角坐标型	多数为 3、4、5 轴，适合于连续直线焊缝，价格便宜	
定位焊接用机器人（单向加压）	能承受 500kg 加压反力的高刚度机器人。有些机器人本身带加压作业功能	车身底板的定位焊

典型点焊机器人的规格，以持重 1000kg、最高速度为 4m/s 的 6 轴垂直多关节点焊机器人为例，由于实用中几乎全部用来完成间隔为 30 ~ 50mm 左右的打点作业，运动中很少能达到最高速度，因此改善最短时间内频繁短节距起、制动的性能是追求的重点。为了提高加速度和减速度，在设计中注意了减轻手臂的重量，增加驱动系统的输出力矩。同时，为了缩短滞后时间，得到高的静态定位精度，该机采用低惯性、高刚度减速器和高功率的无刷伺服电

动机。由于在控制回路中采取了加前馈环节和状态观测器等措施，控制性能得到大大改善，50mm 短距离移动的定位时间被缩短到 0.4s 以内。

一般关节式点焊机器人本体的主要技术指标见表 7-2。

表 7-2 一般关节式点焊机器人本体的主要技术指标

结　构		全 关 节 型	
自由度		6 轴	
驱动		直流伺服电动杠	
运动范围	腰转	范围 ±135°	最大速度 50°/s
	大臂转	前 50°，后 30°	45°/s
	小臂转	下 40°，上 20°	40°/s
	腕摆	±90°	±80°/s
	腕转	±90°	±80°/s
	腕捻	±170°	±80°/s
最大负荷		65kg	
重复精度		±1mm	
控制系统		计算伺服控制，6 轴同时控制	
轨迹控制系统		PTP 及 CP	
运动控制		直线插补	
示教系统		示教再现	
内存容量		1280 步	
环境要求		温度 0～45℃ 湿度 20%～<90% RH	
电源要求		220V 交流，50Hz 三相	
自重		1500kg	

（2）点焊机器人系统的基本构成

点焊机器人虽然有多种结构形式，但大体上都可以分为 3 大组成部分，即机器人本体、点焊焊接系统及控制系统。点焊机器人焊接系统主要由焊接控制器、焊钳（含阻焊变压器）及水、电、气等辅助部分组成。图 7-8 所示为 MOTOMAN-ES 系列点焊机器人系统。

点焊机器人焊钳从用途上可分为 C 形和 X 形两种，如图 7-9 所示。其中 C 形焊钳用于点焊垂直及近于垂直倾斜位置的焊缝；X 形焊钳则主要用于点焊水平及近于水平倾斜位置的焊缝。从阻焊变压器与焊钳的结构关系上还可将焊钳分为分离式、内藏式和一体式 3 种形式。

2. 弧焊机器人

（1）弧焊机器人概述

1）弧焊机器人的应用范围：弧焊机器人的应用范围很广，除汽车行业之外，在通用机械、金属结构等许多行业中都有应用。这是因为弧焊工艺早已在诸多行业中得到普及的缘故。弧焊机器人应包括各种焊接附属装置在内的焊接系统，而不只是一台以规划的速度和姿态携带焊枪移动的单机。图 7-10 所示为适合机器人应用的弧焊方法。

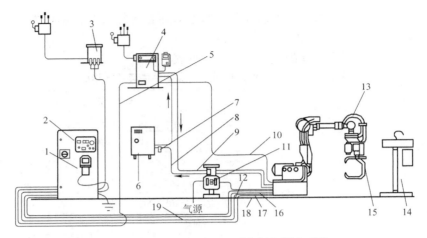

图 7-8　MOTOMAN-ES 系列点焊机器人系统

1—机器人示教盒（PP）　2—机器人控制柜 YASNAC NX100　★3—机器人变压器★
4—点焊控制箱◇　5—点焊指令电缆（I/F）◇　6—水冷机☆　7—冷却水流量开关☆
8—焊钳回水管◇　9—焊钳水冷管◇　10—焊钳供电电缆☆　11—气/水管路组合体☆
12—焊钳进气管☆　13—手首部集合电缆　14—电极修磨机　15—伺服/气动点焊钳
16—机器人控制电缆 IBC★　17—机器人供电电缆 3BC★　18—机器人供电电缆 2BC★
19—焊钳（气动/伺服）控制电缆 S1

注：★是机器人标准配置；◇是电焊设备标准配置；☆是焊接设备标准配置

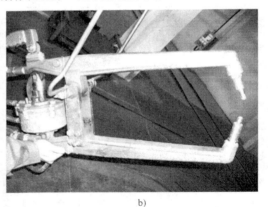

a)　　　　　　　　　　　　　　　　　　b)

图 7-9　常用 X 形和 C 形点焊钳

a) C 形点焊钳　b) X 形点焊钳

2）弧焊机器人的作业性能：在弧焊作业中，要求焊枪跟踪工件的焊道运动，并不断填充金属形成焊缝。因此，运动过程中速度的稳定性和轨迹精度是两项重要的指标。一般情况下，焊接速度约取 5~50mm/s、轨迹精度约为 ±0.2~0.5mm。由于焊枪的姿态对焊缝质量也有一定影响，因此希望在跟踪焊道的同时，焊枪姿态的可调范围尽量大。作业时，为了得到优质焊缝，往往需要在动作的示教以及焊接条件（电流、电压、速度）的设定上花费大量的劳力和时间。所以，除了上述性能方面的要求外，如何使机器人便于操作也是一个重要课题。

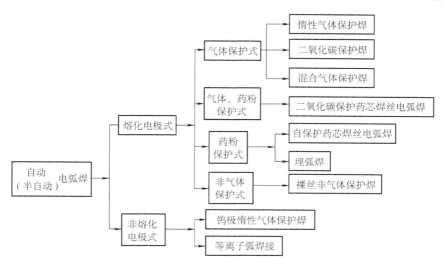

图 7-10　机器人应用的弧焊方法

3）弧焊机器人的分类：从结构形式划分，既有直角坐标型的弧焊机器人，也有关节型的弧焊机器人。按可控轴数量划分，对于小型、简单的焊接作业，机器人有 4、5 轴即可以胜任了，对于复杂工件的焊接，采用 6 轴机器人对调整焊枪的姿态比较方便。对于特大型工件焊接作业，为加大工作空间，有时把关节型机器人悬挂起来，或者安装在运载小车上使用。

4）弧焊机器人规格：表 7-3 和图 7-10 分别是典型的弧焊机器人主机的规格和简图。

表 7-3　典型弧焊机器人的规格

持重	5kg，承受焊枪所必需的负荷能力
重复位置精度	±0.1mm，高精度
可控轴数	6 轴同时控制，便于焊枪姿态调整
动作方式	各轴单独插补、直线插补、圆弧插补、焊枪端部等速控制（直线、圆弧插补）
速度控制	进给 6～1500m，焊接速度为 1～50mm/s，调速范围广（从极低速到高速均可调）
焊接功能	焊接电流、电压的选定，允许在焊接中途改变焊接条件，断弧、粘丝保护功能，焊接抖动功能（软件）
存储功能	IC 存储器，128kW
辅助功能	定时功能、外部输入/输出接口
应用功能	程序编辑、外部条件判断、异常检查、传感器接口

（2）弧焊机器人系统组成

图 7-11 所示就是一套完整的弧焊机器人系统，它包括机器人机械手、控制系统、焊接装置、焊件夹持装置等。

1）弧焊机器人基本结构：弧焊用的工业机器人通常有 5 个自由度以上，具有 6 个自由度的机器人可以保证焊枪的任意空间轨迹和姿态。图 7-12 为典型的弧焊机器人的主机简图。点至点方式移动速度可达 60m/min，其轨迹重复精度可达到 +0.2mm，它们可以通过示教和再现方式或通过编程方式工作。

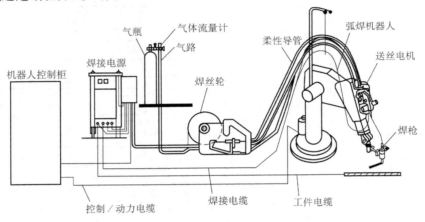

图 7-11　弧焊机器人系统的基本组成

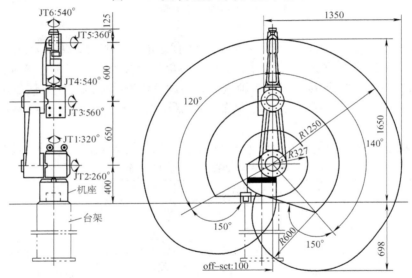

图 7-12　典型弧焊机器人主机简图

　　这种焊接机器人应具有直线的及环形内插法摆动的功能。图 7-13 所示是其 6 种摆动方式，为满足焊接工艺要求，机器人的负荷为 5kg。

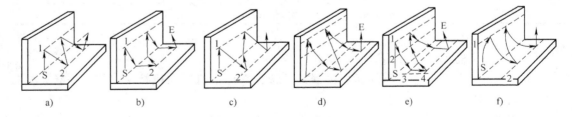

图 7-13　弧焊机器人的 6 种摆动方式
a）直线单摆　b）L 形　c）三角形　d）U 形　e）台型　f）高速圆弧摆动

弧焊机器人的控制系统不仅要保证机器人的精确运动，而且要具有可扩充性，以控制周边设备确保焊接工艺的实施。图7-14是一台典型的弧焊机器人控制系统的计算机硬件框图。

控制计算机由8086 CPU作为管理用中央处理机单元，8087协处理器进行运动轨迹计算，每4个电动机由1个8086 CPU进行伺服控制，通过串行I/O接口与上一级管理计算机通信；采用数字量I/O和模拟量I/O控制焊接电源和周边设备。

该计算机系统具有传感器信息处理的专用CPU（8085），微计算机具有384KB的ROM和64KB的RAM，以及512KB磁泡的内存，示教盒与总线采用DMA方式（直接存储器访问方式）交换信息，并有公用内存64KB。

2）弧焊机器人周边设备：弧焊机器人只是焊接机器人系统的一部分，还应有行走机构及小型和大型移动机架。通过这些机构来扩大工业机器人的工作范围（见图7-15），同时还具有各种用于接受、固定及定位工件的变位机（见图7-16）、定位装置及夹具。

在最常见的结构中，工业机器人固定于基座上（见图7-7），变位机则安装于其工作范围内。为了更经济地使用工业机器人，至少应有两个工位轮番进行焊接。

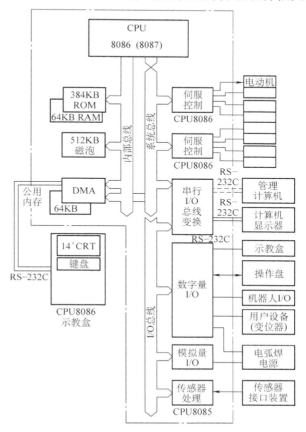

图7-14 弧焊机器人控制系统计算机硬件框图

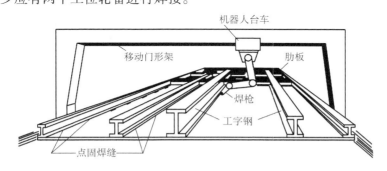

图7-15 机器人倒置在移动门架上

所有这些周边设备其技术指标均应适应弧焊机器人的要求，即确保工件上的焊缝的到位精度达到+0.2mm，以往的周边设备都达不到机器人的要求。为了适应弧焊机器人的发展，新型的周边设备由专门的工厂进行生产。

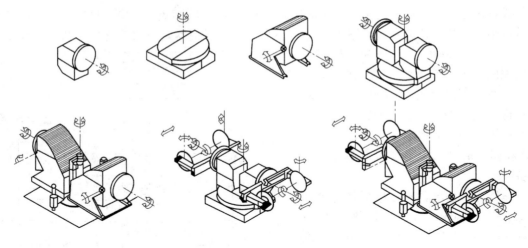

图 7-16　机器人专用变位机

3）焊接设备：主要指用于工业机器人的焊接电源及送丝设备。由于参数选择必须由机器人控制器直接控制，为此一般至少通过两个给定电压达到上述目的。对于复杂过程，例如脉冲电弧焊或填丝钨极惰性气体保护焊时，可能需要 2～5 个给定电压，电源在其功率和接通持续时间上必须与自动过程相符合，必须安全地引燃，并无故障地工作。使用最多的焊接电源是晶闸管整流电源。近年的晶体管脉冲电源对于工业机器人电弧焊具有特殊的意义。这种晶体管脉冲电源无论是模拟的或脉冲式的，通过其脉冲频率的无级调节，在结构钢、Cr-Ni钢及铝焊接时都能保证实现接近无飞溅的焊接。与采用普通电源相比，可以使用更大直径的焊丝，其熔敷效率更高。有很多焊接设备制造厂为工业机器人设计了专用焊接电源，采用微处理机控制，以便与工业机器人控制系统交换信号。

送丝系统必须保证恒定送丝，送丝系统应设计成具有足够的功率，并能调节送丝速度。为了机器人的自由移动，必须采用软管，但软管应尽量短。在工业机器人电弧焊时，由于焊接持续时间长，经常采用水冷式焊枪，焊枪与机器人末端的连接处应便于更换，并需有柔性的环节或制动保护环节，防止示教和焊接时与工件或周围物件碰撞影响机器人的寿命。图 7-17 所示为焊枪与机器人连接的一个例子。在装卡焊枪时，应注意焊枪伸出的焊丝端部的位置应符合机器人使用说明书中所规定的位置，否则示教再现后焊枪的位置和姿态将产生偏差。

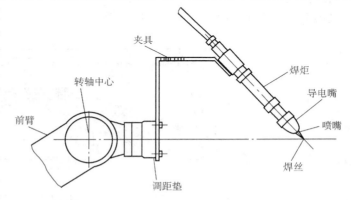

图 7-17　焊枪及机器人连接

4）控制系统与外围设备的连接：工业控制系统不仅要控制机器人机械手的运动，还需控制外围设备的动作、开启、切断以及安全防护，图 7-18 所示是典型的控制系统与外围设备连接框图。

　　控制系统与所有设备的通信信号有数字量信号和模拟量信号。控制柜与外围设备用模拟信号联系的有焊接电源、送丝机构以及操作机（包括夹具、变位器等）。这些设备需通过控制系统预置参数，通常是通过数模
（D-A）转换器给定基准电压，控制器
与焊接电源和送丝机构电源一般都需
有电量隔离环节，控制系统对操作机
电动机的伺服控制与对机器人伺服控
制电动机的要求相仿，通常采用双伺
服环。确保工件焊缝到位精度与机器
人到位精度相等。

3. 焊接机器人工作站及生产线

　　（1）焊接机器人工作站（单元）

　　如果工件在整个焊接过程中无需
变位，就可以用夹具把工件定位在工
作台面上，这种系统是最简单不过的
了。但在实际生产中，更多的工件在
焊接时需要变位，使焊缝处在较好的
位置（姿态）下焊接。对于这种情
况，变位机与机器人可以是分别运
动，即变位机变位后机器人再焊接；
也可以是同时运动，即变位机一边变

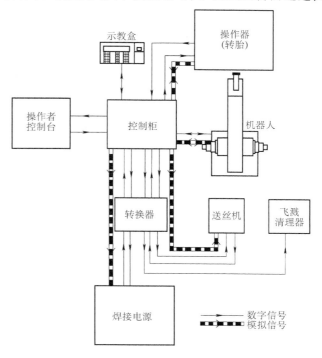

图 7-18　控制系统与外围设备的连接框图

位，机器人一边焊接，也就是常说的变位机与机器人协调运动。这时变位机的运动及机器人的运动复合，使焊枪相对于工件的运动既能满足焊缝轨迹，又能满足焊接速度及焊枪姿态的要求。实际上，这时变位机的轴已成为机器人的组成部分。这种焊接机器人系统可以多达 7 ~20 个轴，或更多。最新的机器人控制柜可以是两台机器人的组合作 12 个轴协调运动。其中，一台是焊接机器人，另一台是搬运机器人作变位机用。

　　（2）焊接机器人生产线

　　焊接机器人生产线比较简单的是把多台工作站（单元）用工件输送线连接起来组成一条生产线。这种生产线仍然保持单站的特点，即每个站只能用选定的工件夹具及焊接机器人的程序来焊接预定的工件，在更改夹具及程序之前的一段时间内，这条线是不能焊其他工件的。

　　另一种是焊接柔性生产线（FMS-W）。它也是由多个站组成，不同的是被焊工件都装卡在统一形式的托盘上，而托盘可以与线上任何一个站的变位机相配合并被自动卡紧。焊接机器人系统首先对托盘的编号或工件进行识别，自动调出焊接这种工件的程序进行焊接。这样每一个站无需做任何调整就可以焊接不同的工件。焊接柔性生产线一般有一个轨道子母车，子母车可以自动将点固好的工件从存放工位取出，再送到有空位的焊接机器人工作站的变位机上。也可以从工作站上把焊好的工件取下，送到成品件流出位置。整个焊接柔性生产线由一台调度计算机控制。因此，只要白天装配好足够多的工件，并放到存放工位上，夜间就可

以实现无人或少人生产了。

　　图 7-19 所示为首钢莫托曼机器人有限公司设计制造的国内第一条重型车桥焊装生产线，其中包含了 14 台焊接机器人。

　　工厂选用哪种自动化焊接生产形式，必须根据工厂的实际情况而定。焊接专机适合批量大，改型慢的产品，而且工件的焊缝数量较少、较长，形状规矩（直线、圆形）的情况；焊接机器人系统一般适合中小批量生产，被焊工件的焊缝可以短而多，形状较复杂。柔性焊接线特别适合产品品种多，每批数量又很少的情况。目前，国外企业正在大力推广无（少）库存，按订单生产（JIT）的管理方式，在这种情况下采用焊接柔性生产线是比较合适的。

图 7-19　首钢莫托曼机器人有限公司设计制造的国内
第一条重型车桥焊装生产线

4. 焊接机器人技术的发展现状

　　因为机器人技术是一门综合性的技术，它是综合了计算机、控制论、机构学、信息和传感技术、人工智能、仿生学等多学科而形成的高新技术。从国内外研究现状来看，焊接机器人技术研究主要集中在焊缝跟踪技术、多机器人协调控制技术、离线编程与路径规划技术、专用弧焊电源技术、机器人用焊接工艺方法、焊接机器人系统仿真技术等几个方面。

　　（1）焊缝跟踪技术

　　焊接机器人在施焊过程中，由于焊接环境（如强弧光辐射、高温、烟尘、飞溅、坡口状况、加工误差、夹具装夹精度、表面状态和工件热变形等）各种因素的影响，实际焊接条件的变化往往会导致焊炬偏离焊缝，从而造成焊接质量下降甚至失败。焊缝跟踪技术的研究就是根据焊接条件的变化，要求弧焊机器人能够实时检测出焊缝偏差，并调整焊接路径和焊接参数，保证焊接质量的可靠性。焊缝跟踪技术的研究以传感器技术与控制理论方法为主，其中传感技术的研究又以电弧传感器和光学传感器为主。

　　电弧传感器是从焊接电弧自身直接提取焊缝位置偏差信号，实时性好，焊枪运动灵活，符合焊接过程低成本自动化的要求，适用于熔化极焊接场合。电弧传感的基本原理是利用焊炬与工件距离的变化而引起的焊接参数变化来探测焊炬高度和左右偏差。电弧传感器一般分为并列双丝电弧传感器、摆动电弧传感器、旋转式扫描电弧传感器 3 类。其中，旋转式扫描电弧传感器较前两者的偏差检测灵敏度高，控制性能较好。光学传感器的种类很多，主要包括红外、光电、激光、视觉、光谱和光纤式。光学传感器的研究又以视觉传感器为主。视觉传感器获得的信息量大，结合计算机视觉和图像处理的最新技术，大大增强弧焊机器人的外部适应能力。激光跟踪传感具有优越的性能，成为最有前途、发展最快的焊接传感器。另一方面，随着近代模糊数学和神经网络的出现并应用到焊接这个复杂的非线性系统中，使得焊缝跟踪进入了智能焊缝跟踪的新时代。

（2）多机器人协调控制技术

多机器人系统是指为完成某一任务由若干机器人通过合作与协调组合成一体的系统。它包含两方面的内容，即多机器人合作与多机器人协调。当给定多机器人系统某项任务时，首先面临的问题是如何组织多个机器人去完成任务，如何将总体任务分配给各个成员机器人，即机器人之间怎样进行有效地合作。当以某种机制确定了各自的任务与关系后。问题变为如何保持机器人间的运动协调一致，即多机器人协调。对于由紧耦合子任务组成的复杂任务而言，协调问题尤其突出。智能体技术是解决这一问题的有力工具。多智能体系统是研究在一定的网络环境中，各个分散的、相对独立的智能子系统之间通过合作，共同完成一个或多个控制作业任务的技术。多机器人焊接的协调控制是一个目前的研究热点问题。

（3）离线编程与路径规划技术

机器人离线编程系统是机器人编程语言的扩展，它利用计算机图形学的成果，建立起机器人及其工作环境的模型，利用一些规划算法，通过对图形的控制和操作，在不使用实际机器人的情况下进行轨迹规划，进而产生机器人程序。自动编程技术的核心是焊接任务、焊接参数、焊接路径和轨迹的规划技术。针对弧焊应用，自动编程技术可以表述为在编程各阶段中辅助编程者完成独立的、具有一定实施目的和结果的编程任务技术，具有智能化程度高、编程质量和效率高等特点。离线编程技术的理想目标是实现全自动编程，即只需输入工件模型，离线编程系统中的专家系统会自动制定相应的工艺过程，并最终生成整个加工过程的机器人程序。目前，还不能实现全自动编程，自动编程技术是当前研究的重点。

（4）专用弧焊电源技术

在焊接机器人系统中，电气性能良好的专用弧焊电源直接影响焊接机器人的使用性能。目前，弧焊机器人一般采用熔化极气体保护焊（MIG 焊、MAG 焊、CO_2 焊）或非熔化极气体保护焊（TIc、等离子弧焊），熔化极气体保护焊接电源主要使用晶闸管电源和逆变电源。近年来，弧焊逆变器的技术已趋于成熟，机器人专用弧焊逆变电源大多为单片机控制的晶体管式弧焊逆变器，并配以精细的波形控制和模糊控制技术，工作频率为 20 ~ 50kHz，最高可达 200kHz，焊接系统动特性优良，适合于机器人自动化和智能化焊接。还有一些特殊功能的电源，如适合铝及铝合金 TIG 焊的方波交流电源、带有专家系统的焊接电源等。目前有一种采用模糊控制方法的焊接电源，可以更好地保证焊缝熔宽和熔深基本一致，不仅焊缝表面美观，还能减少焊接缺陷。弧焊电源不断向数字化方向发展，其特点是：焊接参数稳定，受网路电压波动、温升、元器件老化等因素的影响小，具有较高的重复性，焊接质量稳定、成形良好。另外，利用 DSP 快速响应，通过主控制系统指令精确控制逆变电源的输出，使之具有输出多种电流波形和弧压高速稳定调节功能，适应多种焊接方法对电源的要求。

（5）机器人用焊接工艺方法

目前，弧焊机器人普遍采用气体护焊方法，主要是熔化极气体保护焊，其次是钨极氩气保护焊，等离子弧焊、切割以及机器人激光焊的数量有限，比例较低。国外先进国家的弧焊机器人已普遍采用高速、高效气体保护焊接工艺，如双丝气体保护焊、TIME 焊、热丝 TIG 焊、热丝等离子焊等先进的工艺方法。这些工艺方法不仅有效地保证了优良的焊接接头，还使焊接速度和熔敷效率提高数倍至几十倍。

（6）仿真技术

机器人在研制、设计和试验过程中，经常需要对其运动学、动力学性能进行分析以及进行轨迹规划设计，而机器人又是多自由度、多连杆空间机构，其运动学和动力学问题十分复杂，计算难度大。若将机械手作为仿真对象，运用计算机图形技术、CAD 技术和机器人学理论在计算机中形成几何图形，并动画显示，然后对机器人的机构设计、运动学正反解分析、操作臂控制以及实际工作环境中的障碍避让和碰撞干涉等诸多问题进行模拟仿真，这样就可以很好地解决研发机械手过程中出现的问题。

5. 装配机器人

装配机器人是柔性自动化装配系统的核心设备，由机器人操作机、控制器、末端执行器和传感系统组成。其中，操作机的结构类型有水平关节型、直角坐标型、多关节型和圆柱坐标型等；控制器一般采用多 CPU 或多级计算机系统，实现运动控制和运动编程；末端执行器为适应不同的装配对象而设计成各种手爪和手腕等；传感系统用来获取装配机器人与环境和装配对象之间相互作用的信息。常用的装配机器人主要有可编程通用装配操作手（Programmable Universal Manipula-tor for Assembly，PUMA）和平面双关节型机器人（Selective Compliance Assembly Robot Arm，SCARA）机器人两种类型。与一般工业机器人相比，装配机器人具有精度高、柔顺性好、工作范围小、能与其他系统配套使用等特点，主要用于各种电器的制造行业。图 7-20 所示为 FANUC 装配机器人。

（1）PUMA 机器人

PUMA 机器人是美国 Unimation 公司 1977 年研制的 PUMA 是一种计算机控制的多关节装配机器人。一般有 5 或 6 个自由度，即腰、肩、肘的回转以及手腕的弯曲、旋转和扭转等功能（见图 7-21）。其控制系统由微型计算机、伺服系统、输入/输出系统和外部设备组成。采用 VAL Ⅱ 作为编程语言，例如语句"APPRO PART，50"表示手部运动到 PART 上方 50mm 处。PART 的位置可以键入也可示教。VAL 具有连续轨迹运动和矩阵变换的功能。

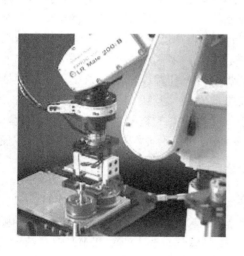

图 7-20　FANUC 装配机器人

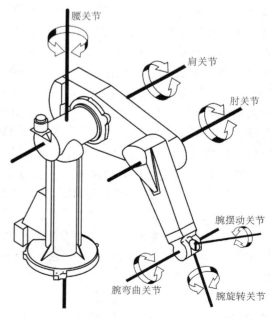

图 7-21　PUMA 机器人

（2）SCARA 机器人（水平多关节型机器人）

大量的装配作业是垂直向下的，它要求手爪的水平（X，Y）移动有较大的柔顺性，以补偿位置误差。而垂直（Z）移动以及绕水平轴转动则有较大的刚性，以便准确有力地装配。另外，还要求绕 Z 轴转动有较大的柔顺性，以便于键或花键配合。SCARA 机器人的结构特点满足了上述要求（如图 7-22 所示）。其控制系统也比较简单，如 SR-3000 机器人采用微处理机对 θ_1、θ_2、Z 三轴（直流伺服电动机）实现半闭环控制，对 x 轴（步进电动机）进行开环控制。编程语言采用与 BASIC 相近的 SERF。SCARA 机器人是目前应用较多的机器人类型之一。

（3）装配机器人上的传感器

带有传感器的装配机器人可以更好地顺应对象物进行柔软的操作。装配机器人经常使用的传感器有视觉传感器、触觉传感器、接近觉传感器和力传感器等。

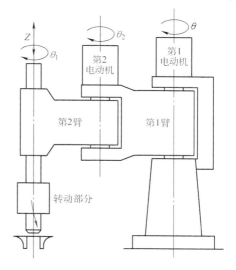

图 7-22　SCARA 机器人

1）视觉传感器主要用于零件或工件的位置补偿，零件的判别、确认等。

2）触觉和接近觉传感器一般固定在指端，用来补偿零件或工件的位置误差，防止碰撞等。

3）力传感器一般装在腕部，用来检测腕部受力情况，一般在精密装配或去飞边一类需要力控制的作业中使用。

（4）装配机器人的手爪

装配机器人上可以配备各种可换手，以增加通用性。

手爪一般是气动型和电动型两种形式。气动手爪相对来说比较简单，价格便宜，因而在一些要求不太高的场合用得比较多；电动手爪造价比较高，主要用在一些特殊场合。

（5）装配机器人的柔顺性

装配机器人的大量作业是轴与孔的装配，为了在轴与孔存在误差的情况下进行装配，应使机器人具有柔顺性。主动柔顺性是根据传感器反馈的信息；而从动柔顺性，则利用不带动力的机构来控制手爪的运动以补偿其位置误差。例如，美国 Draper 实验室研制的远心柔顺装置 RCC（Remote Center Compliance device），一部分允许轴作侧向移动而不转动，另一部分允许轴绕远心（通常位于离手爪最远的轴端）转动而不移动，分别补偿侧向误差和角度误差，实现轴孔装配。图 7-23 所示为 RCC 工作原理图。

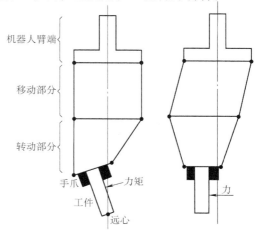

图 7-23　RCC 工作原理图

（6）装配机器人生产线

1）自动装配机器零部件的流水作业线：在大批量生产中，加工过程的自动化大大提高了生产率，保证了加工质量的稳定。为了与加工过程相适应，迫切要求实现装配过程的自动化。装配过程自动化的典型例子是装配自动线，它包括零件供给、装配作业和装配对象的传送等环节的自动化。装配自动线主要用于批量大和产品结构的自动装配工艺性好的工厂中，如电机、变压器、汽车、拖拉机和武器弹药等工厂中，以及劳动条件比较恶劣或危险的场合。装配作业的自动化程度需要根据技术经济分析结果确定。

2）构成：装配自动线一般由 4 个部分组成。

- 零部件运输装置：可以是输送带，也可以是有轨或无轨传输小车。
- 装配机械手或装配机器人。
- 检验装置：用以检验已装配好的部件或整机的质量。
- 控制系统：用以控制整条装配自动线，使其协调工作。自动化程度高的装配自动线需要采用装配机器人，它是装配自动线的关键环节。图 7-24 所示为装配机器人的工作情况图。

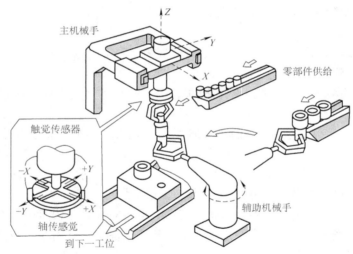

图 7-24　装配机器人的工作情况

（7）应用

装配机器人主要用于各种电器制造（包括家用电器，如电视机、洗衣机、电冰箱、吸尘器等）、小型电机、汽车及其部件、计算机、玩具、机电产品及其组件的装配等方面。特别是在汽车装配线上，几乎所有的工位（如车门的安装、仪表盘的安装、前后挡板的安装、车灯的安装、汽车电池的安装、座椅的安装以及发动机的装配等）均可应用机器人来提高装配作业的自动化程度。此外，在汽车装配线上还可以利用机器人来填充液体物质，这些液体物质包括刹车油、离合器油、热交换器油、助力液、车窗清洗液等，机器人可以精确地控制这些液体物质的填充量，并能减少污染物的排放。

6. 其他常用工业机器人

（1）搬运机器人

搬运机器人主要用于工厂中一些工序的上下料作业、拆垛和码垛作业等。这类机器人精度相对低一些，但负荷比较大，运动速度比较高。其机器人操作机多采用点焊或弧焊机器人结构，也有的采用框架式和直角坐标式结构形式。随着工厂自动化程度的不断提高和生产节拍的加快，搬运机器人使用得越来越多。

（2）水切割和激光加工机器人

这种机器人通过高压水和激光这种新的工具，对工件实施切割、焊接或者是金属材料的表面特殊处理，可以实现金属及其他材料的特殊加工。高压水切割的特点是其切缝处光滑，无需进行二次处理，并且避免了其他热加工手段带来的工件变形。激光加工则充分利用了激光的特性，实现对工件的精密切割、钻孔、焊接以及表面热处理。这些作业往往是传统的加工手段无法完成的。

（3）测量机器人

测量机器人是一种能代替人进行自动搜索、跟踪、识别和精确找准目标并获取角度、距离、三维坐标以及影像等信息的智能型电子全站仪。它是在全站仪基础上集成步进电动机、CCD 影像传感器构成的视频成像系统，并配置智能化的控制及应用软件发展而成。

7.2.2　农业机器人

1. 农业机器人的特点

农业机器人是用于农业生产的特种机器人，是一种新型多功能农业机械。农业机器人的问世，是现代农业机械发展的结果，是机器人技术和自动化技术发展的产物。农业机器人的出现和应用，改变了传统的农业劳动方式，促进了现代农业的发展。

和工业机器人相比，农业机器人有以下特点：

1）农业机器人作业对象的娇嫩性：生物具有软弱易伤的特性，必须细心轻柔地对待和处理，而且其种类繁多，形状复杂，在三维空间里的生长发育程度不一，相互差异很大。

2）农业机器人的作业环境的非结构性：由于农业作物随着时间和空间的不同而变化，机器人的工作环境是变化的、未知的，是开放性的环境。作物生长环境除受园地、倾斜度等地形条件的约束外，还直接受季节、大气和时间等自然条件的影响。这就要求生物农业机器人不仅要具有与生物体柔性相对应的处理能力，而且还要能够顺应变化无常的自然环境。因此，要求农业机器人在视觉、知识推理和判断力等方面具有相当的智能。

3）农业机器人作业动作的复杂性：农业机器人一般是作业、移动同时进行，农业领域的行走不是连接出发点和终点的最短距离，而是具有狭窄的范围，较长的距离及遍及整个田间表面等特点。

4）农业机器人的使用者：农业机器人的使用者是农民，不是具有机械电子知识的工程师，因此要求农业机器人必须具有高可靠性和操作简单的特点。

5）农业机器人的价格特性：工业机器人所需要的大量投资由工厂或工业集团支付，而农业机器人以个体经营为主，如果不是低价格，就很难普及。

在农业生产中使用机器人有很多好处：可以提高劳动生产率；解决劳动力不足的问题；改善农业生产者的安全、卫生环境；提高作业质量等。

现在已开发出来的农林业机器人有耕耘机器人、施肥机器人、除草机器人、喷药机器人、蔬菜嫁接机器人、收割机器人、蔬菜水果采摘机器人、林木修剪机器人、果实分拣机器人等。

2. 几种典型的农业机器人

（1）嫁接机器人

嫁接机器人技术是近年在国际上出现的一种集机械、自动控制与园艺技术于一体的高新技术，它可在极短的时间内，把蔬菜苗茎杆直径为几毫米的砧木、穗木的切口嫁接为一体，使嫁接速度大幅度提高；同时由于砧、穗木接合迅速，避免了切口长时间氧化和苗内液体的流失，从而又可大大提高嫁接成活率。因此，嫁接机器人技术被称为嫁接育苗的一场革命。图 7-25 所示为蔬菜嫁接机器人。

在日本，100% 的西瓜，90% 的黄瓜，96% 的茄子都靠嫁接栽培，每年大约嫁接十多亿棵。从 1986 年起日本就开始了对嫁接机器人的研究，以日本"生物系特定产业技术研究推进机构"为主，一些大的农业机械制造商参加了研究开发，其成果已开始在一些农协的育苗中心使用。由于看到了蔬菜嫁接自动化及嫁接机器人技术在农业生产上的广阔前景，日本一些实力雄厚的厂家（如 YANMA、MITSUB-

图 7-25　蔬菜嫁接机器人

ISHI 等）也竞相研究开发自己的嫁接机器人，嫁接对象涉及西瓜、黄瓜、西红柿等。总体来讲，日本研制开发的嫁接机器人有较高的自动化水平，但机器体积庞大，结构复杂，价格昂贵。20 世纪 90 年代初，韩国也开始了对自动化嫁接技术进行研究，但其研究开发的技术，只是完成部分嫁接作业的机械操作，自动化水平较低，速度慢，而且对砧木、穗木苗的粗细程度有较严格的要求。在蔬菜嫁接育苗配套技术方面，日本、韩国已生产出专门用于嫁接苗的育苗营养钵盘。在欧洲农业发达国家，如意大利、法国等，蔬菜的嫁接育苗相当普遍，大规模的工厂化育苗中心全年向用户提供嫁接苗。由于这些国家尚未有自己的嫁接机器人，所以嫁接作业，一部分仍采用手工嫁接，一部分采用日本的嫁接机器人进行作业。

1997 年，我国设施栽培面积达到 120 万公顷，成为世界上最大的设施栽培国家。特别是以日光温室为代表的具有中国特色的保护地蔬菜栽培和塑料大棚的发展尤为迅速，目前已突破 1000 万亩。它缓解了蔬菜淡季的供需矛盾，同时也成为我国农民致富的重要途径。但由于蔬菜的生物特性和生长环境特性，连茬病害和低温障碍一直是严重影响设施蔬菜生产的主要问题。对这些病害的防治，无论从选育抗病品种，或是施用药剂，防治效果都不够理想。

20 世纪 80 年代初期，出现了把黄瓜、西瓜嫁接到云南黑籽南瓜的栽培方法，提高了抗病和耐低温能力。实践证明，嫁接是目前克服设施瓜菜连茬病害和低温障碍的最有效方法。

除了黄瓜、西瓜外，通过嫁接，茄子、青椒、西红柿都可明显地防止土传病害，如枯萎病、黄萎病、青枯病的发生。嫁接苗根系发达，具有抗逆、壮根、增强植株长势、延长生长期与减轻地表上部病害的优点，可大幅度增产。因此，大力推广嫁接栽培技术，对我国日光温室、大棚等设施园艺蔬菜栽培具有十分重要的意义。

（2）水果采摘机器人

在日本，农业劳动力老龄化和农业劳动力不足的问题十分突出。为了解决这一问题，日本开发出了一系列不同用途的农业机器人，这其中就包括采摘水果的机器人。这种机器人有其自身的特点：它们一般是在室外工作，作业环境较差，但是在精度上却没有工业机器人那样要求高；这种机器人的使用者不是专门的技术人员，而是普通的农民，所以技术不能太复杂，而且价格也不能太高。

图 7-26 所示为西红柿采摘机器人原理图。该机器人具有上下移动、左右旋转、水平伸缩、上下俯仰 4 个自由度。采用 100W，3000r/min 的交流伺服电动机和 1：125 的减速机构驱动 4 个关节轴。左右旋转、上下移动、上下俯仰和水平伸缩 4 个自由度的关节速度分别为 2.51rad/s、0.3m/s、3.14rad/s 和 1.8m/s。关节速度高，影响末端执行器的定位精度，但能够提高采摘的效率。采摘机器

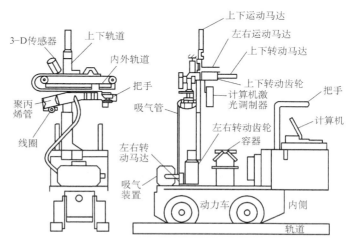

图 7-26　西红柿采摘机器人原理图

人采用交流伺服电动机，对于野外作业，电源的提供并不方便。对于移动机器人而言，最好使用蓄电池提供的直流电源。

西红柿每棵可长 4~6 个果实，而每个果实并不是同时成熟的。成熟的果实为红色，而不成熟的果实为绿色，因此通过彩色摄像机作为视觉传感器寻找和识别果实，同时利用终端握持器中的吸引器，把果实吸住，再用机械手的腕关节把果实拧下。为了降低西红柿的收获成本，目前已研制了用于收获樱桃西红柿的机器人，它采用双目立体成像技术来确定果实的位置，成功率约为 70%。

（3）其他农业机器人

1）施肥机器人：美国明尼苏达州一家农业机械公司的研究人员推出的机器人别具一格，它会从不同土壤的实际情况出发，适量施肥。它的准确计算合理地减少了施肥的总量，降低了农业成本。由于施肥科学，使地下水质得以改善。

2）大田除草机器人：德国农业专家采用计算机、全球定位系统（GPS）和灵巧的多用途拖拉机综合技术，研制出可准确施用除草剂除草的机器人。首先，由农业工人领着机器人在田间行走。在到达杂草多的地块时，它身上的 GPS 接收器便会显示出确定杂草位置的坐标定位图。农业工人先将这些信息当场按顺序输入便携式计算机，返回场部后再把上述信息数据资料输到拖拉机上的一台计算机里。当他们日后驾驶拖拉机进入田间耕作时，除草机器人便会严密监视行程位置。如果来到杂草区，它的机载杆式喷雾器相应部分立即起动，让化学除草剂准确地喷撒到所需地点。

3）菜田除草机器人：英国科技人员开发的菜田除草机器人所使用的是一部摄像机和一台识别野草、蔬菜和土壤图像的计算机组合装置，利用摄像机扫描和计算机图像分析，层层推进除草作业。它可以全天候连续作业，除草时对土壤无侵蚀破坏。科学家还准备在此基础上，研究与之配套的除草机械来代替除草剂。

4）收割机器人：美国新荷兰农业机械公司投资 250 万美元研制一种多用途的自动化联合收割机器人，该项设计工作由著名的机器人专家雷德·惠特克主持。他曾经成功地制造出能够用于监测地面扭曲、预报地震和探测火山喷发活动征兆的航天飞机专用机器人。惠特克开发的全自动联合收割机器人很适合在美国一些专属农垦区的大片规划整齐的农田里收割庄稼，其中的一些高产田的产量是一般农田的十几倍。

5）采摘柑橘机器人：西班牙科技人员发明的这种机器人由一台装有计算机的拖拉机、一套光学视觉系统和一个机械手组成，能够从橘子的大小、形状和颜色判断出是否成熟，决定可不可以采摘。它工作的速度极快，每分钟摘柑橘 60 个而靠手工只能摘 8 个左右。另外，采摘柑橘机器人通过装有视频器的机械手，能对摘下来的柑橘按大小马上进行分类。

6）摘蘑菇机器人：英国是盛产蘑菇的国家，蘑菇种植业已成为英国排名第二的园艺作物。据统计，人工每年的蘑菇采摘量为 11 万吨，盈利十分可观。为了提高采摘速度，使人逐步摆脱这一繁重的农活，英国西尔索农机研究所研制出采摘蘑菇机器人。它装有摄像机和视觉图像分析软件，用来鉴别所采摘蘑菇的数量及属于哪个等级，从而决定运作程序。采摘蘑菇机器人在机上的一架红外线测距仪测定出田间蘑菇的高度之后，真空吸柄就会自动地伸向采摘部位，根据需要弯曲和扭转，将采摘的蘑菇及时投入到紧跟其后的运输机中。它每分钟可采摘 40 个蘑菇，速度是人工的 2 倍。

7）分检果实机器人：在农业生产中，将各种果实分检归类是一项必不可少的农活，往往需要投入大量的劳动力。英国西尔索农机研究所的研究人员开发出一种结构坚固耐用、操作简便的果实分检机器人，从而使果实的分检实现了自动化。它采用光电图像辨别和提升分检机械组合装置，可以在潮湿和泥泞的环境里干活，它能把大个西红柿和小粒樱桃加以区别，然后分检装运，也能将不同大小的土豆分类，并且不会擦伤果实的外皮。

7.2.3　服务机器人

服务机器人是机器人家族中的一个年轻成员，到目前为止尚没有一个严格的定义。不同服务机器人的应用范围很广，主要从事维护保养、修理、运输、清洗、保安、救援、监护等工作。国际机器人联合会经过几年的搜集整理，给了服务机器人一个初步的定义：服务机器人是一种半自主或全自主工作的机器人，它能完成有益于人类健康的服务工作，但不包括从事生产的设备。这里，我们把其他一些贴近人们生活的机器人也列入其中。

除割草机器人外，服务机器人几乎都是行业用的机器人。这些专用机器人的主要应用领域有医用机器人、多用途移动机器人平台、水下机器人及清洁机器人。不同国家对服务机器人的认识不同。

按服务对象和应用目的不同，可以分为以下 6 类：

● 医疗服务机器人。医疗服务机器人主要指能够直接为医生提供服务，帮助医生对病人进行手术治疗的服务机器人。医疗外科机器人是医疗服务机器人的典型代表，它可以由医生对机器人进行遥控操作，在医生难以直接进行手术的部位由机器人准确地完成各种手术。

● 健康福利服务机器人。健康福利服务机器人是指在医院里为医生或病人提供服务的服务机器人，如护理机器人、智能轮椅等。

● 公共服务机器人。公共服务机器人的范围最为广泛，只要能够为公众或公用设备提供服务的机器人都属于该类型服务机器人。例如，为游人提供信息咨询服务的迎宾导游机器人，在建筑物内或居民区内进行自动巡视的保安巡逻机器人，加油站里的自动加油机器人，高楼擦窗和壁面清洗机器人，下水道清洗机器人等。

● 家庭服务机器人。自动割草机和全自动吸尘器是家庭服务机器人的典型代表。

● 娱乐机器人。其种类很多，其中主要是以机器狗 AIBO 为代表的机器宠物。还有舞蹈机器人、演奏机器人等。

● 教育机器人。教育机器人的发展则是通过以"机器人足球"比赛为代表的各种类型的机器人竞赛进行的。机器人竞赛的参赛队伍主要由大中小学生组成。由于机器人竞赛不但具有很好的观赏性，而且可以使参赛的学生在创新能力、动手能力等方面都可以得到很好的锻炼，所以深受学校和学生家长的欢迎，并越来越多地受到各国政府的重视。

图 7-27 ~ 图 7-32 所示是各种不同应用目的的服务机器人。

图 7-27　做开颅手术的机器人

图 7-28　保安巡逻机器人

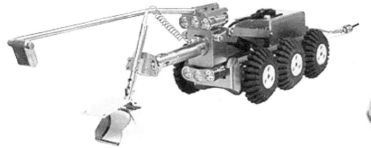

图 7-29　太阳能机器人割草机

图 7-30　家庭清洁机器人

1. 清洁墙壁机器人

随着城市的现代化，一座座高楼拔地而起。为了美观，也为了得到更好的采光效果，很多写字楼和宾馆都采用了玻璃幕墙，这就带来了玻璃窗的清洗问题。其实不仅是玻璃窗，其他材料的壁面也需要定期清洗。

图 7-31　机器狗 AIBO

图 7-32　类人足球机器人

　　长期以来，高楼大厦的外墙壁清洗，都是"一桶水、一根绳、一块板"的作业方式。洗墙工人腰间系一根绳子，悠荡在高楼之间，不仅效率低，而且易出事故。近年来，随着科学技术的发展，这种状况已有所改善，目前国内外使用的主要方法有两种：一种是靠升降平台或吊篮搭载清洁工进行玻璃窗和壁面的人工清洗；另一种是用安装在楼顶的轨道及索吊系统将擦窗机对准窗户自动擦洗。采用第二种方式，要求在建筑物设计之初就将擦窗系统考虑进去，而且它无法适应阶梯状造型的壁面，这就限制了这种方法的使用。图 7-33 所示为擦窗机器人，图 7-34 所示为壁面清洗机器人。

图 7-33　擦窗机器人

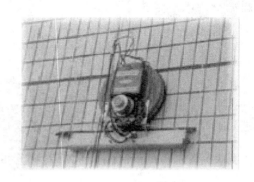

图 7-34　壁面清洗机器人

　　改革开放以后，我国的经济建设有了快速的发展，高层建筑如雨后春笋，比比皆是。但由于建筑设计配套尚不规范，国内绝大多数高层建筑的清洗都采用吊篮人工完成。基于这种情况，北京航空航天大学机器人研究所发挥其技术优势与铁道部北京铁路局科研所为北京西站合作开发了一台玻璃顶棚（约 3000m² ）清洗机器人。

壁面清洗机器人由机器人本体和地面支援机器人小车两大部分组成。机器人本体是沿着玻璃壁面爬行并完成擦洗动作的主体，重 25kg，它可以根据实际环境情况灵活自如地行走和擦洗，而且具有很高的可靠性。地面支援小车属于配套设备，在机器人工作时，负责为机器人供电、供气、供水及回收污水，它与机器人之间通过管路连接。

目前，我国从事大楼清洗机器人研究的还有哈尔滨工业大学和上海大学等，他们也都有了自己的产品。

大楼清洗机器人是以爬壁机器人为基础开发出来的，它只是爬壁机器人的用途之一。爬壁机器人有负压吸附和磁吸附两种吸附方式，大楼擦窗机器人采用的是负压吸附方式。磁吸附爬壁机器人也已在我国问世，并已在大庆油田得到了应用。

2. 医用机器人

（1）定义

医用机器人是一种智能型服务机器人，它能独自编制操作计划，依据实际情况确定动作程序，然后把动作变为操作机构的运动。因此，它有广泛的感觉系统、智能、模拟装置（周围情况及自身——机器人的意识和自我意识），从事医疗或辅助医疗工作。

（2）分类

医用机器人种类很多，按照其用途不同，有运送物品机器人、移动病人机器人、临床医疗用机器人和为残疾人服务机器人、护理机器人、医用教学机器人等。

1）运送药品机器人：运送药品机器人可代替护士送饭、送病例和化验单等，较为著名的有美国 TRC 公司的 Help Mate 机器人。

2）移动病人机器人：移动病人机器人主要帮助护士移动或运送瘫痪、行动不便的病人，如英国的 PAM 机器人。

3）手术机器人（医疗用机器人）：临床医疗用机器人包括外科手术机器人和诊断与治疗机器人，它们可以进行精确的外科手术或诊断，如日本的 WAPRU－4 胸部肿瘤诊断机器人；2008 年 11 月 13 日，瑞士日内瓦医学院的医生利用一个名叫"达芬奇（da Vinci）"的机器人进行疝气手术。日内瓦医学院 2008 年开设了机器人手术科。这所医院每年大约要利用"达芬奇"机器人进行 50～80 例手术。图 7-35 为达芬奇手术机器人。

美国医用机器人还将被应用于军事领域。2005 年，美国军方投资 1200 万美元研究"战地外伤处理系统"。这套机器人装置被安放在坦克和装甲车辆中，战时通过医生从总部传来的指令，机器人可以对伤者进行简单手术，稳定其伤情等待救援。

4）为残疾人服务的机器人：为残疾人服务的机器人又叫康复机器人，可以帮助残疾人恢复独立生活能力，如美国的 Prab Command 系统。

5）护理机器人：英国科学家正在研发一种护理机器人，能用来分担护理人员繁重琐碎的护理工作。新研制的护理机器人将帮助医护人员确认病人的身份，并准确无误地分发所需药品。将来，护理机器人还可以检查病人体温、清理病房，甚至通过视频传输帮助医生及时了解病人病情。图 7-36 所示为护理机器人。

6）医用教学机器人：医用教学机器人是理想的教具。美国医护人员目前使用一部名为"诺埃尔"的教学机器人，它可以模拟即将生产的孕妇，甚至还可以说话和尖叫。通过模拟真实接生，有助于提高妇产科医护人员手术配合和临场反应。

图 7-35　达芬奇手术机器人

图 7-36　护理机器人

3. 服务机器人的关键技术

图 7-37 所示为服务机器人的几种关键技术框图。

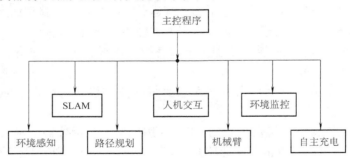

图 7-37　服务机器人关键技术框图

（1）环境感知

机器人在行驶时必须不断地感知周围环境及自身的状态信息。机器人现在多配备超声波传感器、红外传感器和激光传感器等多种传感器。为了有效地利用传感器信息，需要对其进行综合、融和处理。近年来，人们提出许多传感器信息融和算法，如人工神经网络、贝叶斯估计、数学模型、人工智能等，经过融和的信息能比较完整地反映环境特征，提高机器人导航精确度。

（2）SLAM（Simultaneous Localization and Mapping，即时定位与地图构建）

机器人要在室内运动，必须解决定位问题。常用的定位方法主要通过 GPS、光码盘、惯性陀螺、磁罗盘、路标等实现。

（3）人机接口技术

人机接口作为用户和家庭服务机器人之间的交互方式，必须设计的合理、方便、易于使用，也需从技术、心理学及经济角度来选择用户与机器间最佳的合作方式。在家庭机器人系统中比较通用的人机交互方式有语音控制，界面操作（如菜单选择、鼠标驱动等）和操作杆形式，各个系统根据自身需要也设计了头部运动、鹰眼系统、呼吸驱动等富有特色的交互方式，一般在每个系统中都是几种共存，以便根据环境、用户身体状况来选择合适的接口。

（4）自由机械手

家庭服务机器人尤其是陪护型助老/助残机器人的作业臂设计预操作技术，是真正解决老年与残疾人独立生活（协助拿取物品、料理家务）的关键技术。为陪护型助老/助残机器人设计的作业臂，既要能完成较复杂的操作，又要求成本低，还要具有绝对的安全。

（5）环境监控问题

典型的智能安全系统（如安全建筑和安全机器人）应该包括入侵者、火情、煤气和环境等探测器。相对于安全建筑的固定性和被动监控，安全机器人是可以四处移动的并且是主动系统。要完成环境监控任务，安全机器人必须有如下功能：自主导航、主-从操作系统、通过网络的监控系统、远程操作的视觉系统和险情探测诊断系统。基于机器人的现场巡逻系统主要是由机器人自动沿着既定路径运动，并用携带的传感器检测各种情况，如有异常就通知远程操作者，由操作者进行确认并采取措施。安全监控系统的核心问题是如何发现异常情况及发现异常后所采取的措施。对于漏气、漏水等情况，机器人则要配备专门的传感器，在机器人的轮子上装配液体检测传感器，当地面有积水时可以马上发觉。对于火情的判断因为用单一的传感器（如烟雾传感器）容易在某些情况下产生错误识别，如吸烟引起的烟雾，所以多采用传感融合的方法进行检测，采用烟雾、火焰和温度传感融合进行判断。对于入侵者的判断现在多数用视觉系统及人体传感器。在发现异常情况之后，多数监控机器人立即通过无线网络通知监控中心，由监控人员通过机器人传输的图像进行确认并采取措施。

（6）自主电源再充电问题

服务机器人要求能够在无人的环境下长期连续地工作。当电源不足时机器人必须自动寻找充电站，进行对接充电，并监控电源电压，当达到额定电压之后机器人继续执行任务。工作环境对服务机器人的能源提出了特殊要求。目前，服务机器人基本上都采用电池作为能源，电池有一次电池、二次电池和燃料电池。

7.3　机器人应用的发展趋势

7.3.1　机器人技术的发展方向

一个国家机器人技术水平的高低反映了这个国家综合技术实力的高低。机器人已在工业领域得到了广泛的应用，而且正以惊人的速度不断向军事、医疗、服务、娱乐等非工业领域扩展。21 世纪机器人技术必将得到更大的发展，成为各国必争之知识经济制高点。在计算机技术和人工智能科学发展的基础上，产生了智能机器人的概念。智能机器人是具有感知、思维和行动功能的机器，是机构学、自动控制、计算机、人工智能、微电子学、光学、通信技术、传感技术、仿生学等多种学科和技术的综合成果。智能机器人可获取、处理和识别多种信息，自主地完成较为复杂的操作任务，比一般的工业机器人具有更大的灵活性、机动性和更广泛的应用领域。智能机器人作为新一代生产和服务工具，在制造领域和非制造领域具有更重要的位置，如核工业、水下、空间、农业、工程机械（地上和地下）、建筑、医用、救灾、排险、军事、服务、娱乐等方面，可代替人完成各种工作。同时，智能机器人作为自动化、信息化的装置与设备，完全可以进入网络世界，发挥更多、更大的作用，这对人类开辟新的产业，提高生产水平与生活水平具有十分现实的意义。因此，面向先进制造的工业机器人和面向非制造业的先进机器人的研究、开发和应用将成为 21 世纪智能机器人的两个重要发展方向。

目前，围绕未来的机器人需要研究开发如下一些关键技术：

1. 机器人操作机构

目前，机器人操作机构向着优化设计和采用新型材料方向发展。通过有限元分析、模态分析及仿真设计等现代设计方法的运用，实现机器人操作机构的优化设计；探索新的高强度轻质材料，进一步提高负载/自重比。例如，以德国 KUKA 公司为代表的机器人公司，已将机器人并联平行四边形结构改为开链结构，拓展了机器人的工作范围，加之轻质铝合金材料的应用，大大提高了机器人的性能。此外，采用先进的 RV 减速器及交流伺服电动机，使机器人操作机构几乎成为免维护系统。

同时，机器人操作机构向着模块化、可重构方向发展。主要体现在三个方面，第一，关节模块中的伺服电动机、减速机、检测系统三位一体化；由关节模块、连杆模块用重组方式构造机器人整机；国外已有模块化装配机器人产品问市。第二，机器人的结构更加灵巧，控制系统越来越小，二者正朝着一体化方向发展。第三，采用并联机构，利用机器人技术，实现高精度测量及加工，这是机器人技术向数控技术的拓展，为将来实现机器人和数控技术一体化奠定了基础。意大利 COMAU 公司、日本 FANUC 等公司已开发出了此类产品。

2. 机器人控制系统

机器人控制系统重点研究开放式、模块化控制系统，向基于 PC 的开放型控制器方向发展，便于标准化、网络化；器件集成度提高，控制柜日见小巧，且采用模块化结构；大大提高了系统的可靠性、易操作性和可维修性。控制系统的性能进一步提高，已由过去控制标准的 6 轴机器人发展到现在能够控制 21 轴甚至 27 轴，并且实现了软件伺服和全数字控制。人机界面更加友好，语言、图形编程界面正在研制之中。机器人控制器的标准化和网络化以及基于 PC 网络式控制器已成为研究热点。编程技术除进一步提高在线编程的可操作性之外，离线编程的实用化将成为研究重点，在某些领域的离线编程已实现实用化。

3. 机器人传感技术

机器人中传感器的作用日益重要，除采用传统的位置、速度、加速度等传感器外，装配、焊接机器人还应用了激光传感器、视觉传感器和力传感器，并实现了焊缝自动跟踪和自动化生产线上物体的自动定位以及精密装配作业等，大大提高了机器人的作业性能和对环境的适应性。遥控机器人则采用视觉、声觉、力觉、触觉等多传感器的融合技术来进行环境建模及决策控制。为进一步提高机器人的智能和适应性，多种传感器的使用是其问题解决的关键，其研究热点在于有效可行的多传感器融合算法，特别是在非线性及非平稳、非正态分布的情形下的多传感器融合算法。另一个问题就是传感系统的实用化。

4. 网络通信功能

日本 YASKAWA 公司和德国 KUKA 公司的最新机器人控制器已实现了与 Canbus、Profibus 总线及一些网络的连接，使机器人由过去的独立应用向网络化应用迈进了一大步，也使机器人由过去的专用设备向标准化设备发展。

5. 机器人遥控和监控技术

在一些诸如核辐射、深水、有毒等高危险环境中进行焊接或其他作业，需要由遥控的机器人代替人去工作。当代遥控机器人系统的发展特点不是追求全自治系统，而是致力于操作者与机器人的人机交互控制，即遥控加局部自主系统构成完整的监控遥控操作系统，使智能机器人走出实验室进入实用化阶段。美国发射到火星上的"索杰纳"机器人就是这种系统成功应用的最著名实例。多机器人和操作者之间的协调控制，可通过网络建立大范围内的机器人遥控系统，在有时延的情况下，建立预先显示进行遥控等。

6. 虚拟现实技术

虚拟现实技术在机器人中的作用已从仿真、预演发展到用于过程控制，如使遥控机器人操作者产生置身于远端作业环境中的感觉来操纵机器人。基于多传感器、多媒体和虚拟现实以及临场感应技术，将实现机器人的虚拟遥控操作和人机交互。

7. 机器人性能价格比

机器人性能不断提高，而单机价格不断下降。由于微电子技术的快速发展和大规模集成电路的应用，使机器人系统的可靠性有了很大提高。过去机器人系统的可靠性 MTBF 一般为几千小时，而现在已达到 5 万小时，可以满足任何场合的需求。

8. 多智能体调控技术

这是目前机器人研究的一个崭新领域，主要对多智能体的群体体系结构，相互间的通信与磋商机理，感知与学习方法，建模和规划，群体行为控制等方面进行研究。

7.3.2　我国机器人的研究进展及发展趋势

随着世界机器人技术的发展和市场的形成，我国在机器人科学研究、技术开发和应用工程等方面取得了可喜的进步。中国工业机器人研究开始于 20 世纪 70 年代，但由于基础条件薄弱、关键技术与部件不配套、市场应用不足等种种原因，未能形成真正的产品。80 年代中期，在国家科技攻关项目的支持下，中国工业机器人研究开发进入了一个新阶段，形成了中国工业机器人发展的一次高潮。以焊接、装配、喷漆、搬运等为主的工业机器人，以交流伺服驱动器、谐波减速器、薄壁轴承为代表的元部件，以及机器人本体设计制造技术、控制技术、系统集成技术和应用技术都取得显著成果。

中国工业机器人经过"七五"攻关计划、"九五"攻关计划和 863 计划的支持已经取得了较大进展，工业机器人市场也已经成熟，应用上已经遍及各行各业，但进口机器人占了绝大多数。我国在某些关键技术上有所突破，但还缺乏整体核心技术的突破，具有中国知识产权的工业机器人则很少。目前我国机器人技术相当于国外发达国家 20 世纪 80 年代初的水平，特别是在制造工艺与装备方面，不能生产高精密、高速与高效的关键部件。我国目前取得较大进展的机器人技术有：数控机床关键技术与装备、隧道掘进机器人相关技术、工程机械智能化机器人相关技术、装配自动化机器人相关技术。现已开发出金属焊接、喷涂、浇铸装配、搬运、包装、激光加工、检验、真空、自动导引车等的工业机器人产品，主要应用于汽车、摩托车、工程机械、家电等行业。

我国机器人发展相对落后，但是国家对机器人产业发展高度重视。2013 年年底，工信部发布了《关于机器人产业健康发展的指导性意见》。2014 年 3 月，工信部又召开了推进机器人产业发展高峰会。2014 年 6 月，习近平在中国科学院第十七次院士大会、中国工程院第十二次院士大会上提到机器人革命及他的思考，机器人再次受到了政府、产业界、学术界等各方关注。

在上海浦东召开的中国国际机器人产业发展高峰论坛上，工业和信息化部装备工业司副司长王卫明透露，国家科技重大专项将重点支持机床机器人，同时将重点推进机器人在船舶、汽车发动机、航天、航空、民爆等六个行业自动化车间的应用。

王卫明指出，当前我国工业机器人产业发展的中心任务是，开发满足用户需求的工业机器人系统集成技术、主机设计技术和关键零部件的制造技术，突破一批关键技术和核心零部件，突破可靠性和稳定性指标，在重要的工业领域推进工业机器人的规模化示范应用。到2020 年，形成较为完善的工业机器人体系，培育 3~5 家具有国际竞争力的龙头企业；工业机器人行业和企业的竞争能力明显增强，高端产品的市场占有率提高到 45% 以上。每一万名工人中工人机器人使用密度达到 100 台以上，能够基本满足国防建设、国民经济建设和经济发展的需要。

小　　结

本章介绍了机器人在不同领域的应用，重点介绍了几种典型应用，包括工业用的焊接机器人、装配机器人、农业常用机器人和服务业常用机器人等，并对机器人技术未来的发展趋势及发展方向作了介绍。

思　考　题

7.1　焊接机器人的应用领域及主要类型是什么？

7.2　焊接机器人的主要优点有哪些？基本构成如何？

7.3　机器人的弧焊方法有哪些？

7.4　农业机器人的应用特点有哪些？

7.5　举例说明服务机器人的应用领域。

7.6　未来机器人研究的关键技术有哪些？

7.7　试述装配机器人的基本类型和结构。

参 考 文 献

[1] 蔡自兴. 机器人学 ［M］. 北京：清华大学出版社，2000.
[2] 韩建海. 工业机器人 ［M］. 武汉：华中科技大学出版社，2009.
[3] 张培艳. 工业机器人操作与应用实践教程 ［M］. 上海：上海交通大学出版社，2009.
[4] 芮延年. 机器人技术及应用 ［M］. 北京：化学工业出版社，2008.
[5] 刘文波，陈白宁，段智敏. 工业机器人 ［M］. 沈阳：东北大学出版社，2007.
[6] 谢存禧. 机器人技术及其应用 ［M］. 北京：机械工业出版社，2005.
[7] 郭洪红. 工业机器人技术 ［M］. 2 版. 西安：西安电子科技大学出版社，2012.
[8] 李团结. 机器人技术 ［M］. 北京：电子工业出版社，2009.
[9] 方建军，何广平. 智能机器人 ［M］. 北京：化学工业出版社，2004.
[10] 陈恳，杨向东，刘莉，等. 机器人技术与应用 ［M］. 北京：清华大学出版社，2006.
[11] 熊有伦. 机器人技术基础 ［M］. 武汉：华中理工大学出版社，1996.
[12] 大熊繁. 机器人控制 ［M］. 卢伯英，译. 北京：科学出版社，2002.
[13] 张幅学. 机器人技术及其应用 ［M］. 北京：电子工业出版社，2000.
[14] 高国富，谢少荣，罗均. 机器人传感器及其应用 ［M］. 北京：化学工业出版社，2005.
[15] John J. Craig. 机器人学导论 ［M］. 负超，等译. 北京：机械工业出版社，2006.
[16] 殷际英，何广平. 关节型机器人 ［M］. 北京：化学工业出版社，2003.
[17] 罗志增，蒋静坪. 机器人感觉与多信息融合 ［M］. 北京：机械工业出版社，2002.
[18] 谭民，王硕，曹志强. 多机器人系统 ［M］. 北京：清华大学出版社，2004.
[19] 张毅，罗元，郑太雄. 移动机器人技术及其应用 ［M］. 北京：电子工业出版社，2007.
[20] 丁学恭. 机器人控制研究 ［M］. 杭州：浙江大学出版社，2006.
[21] 王耀南. 机器人智能控制工程 ［M］. 北京：科学出版社，2004.
[22] 吴振彪，王正家，熊有伦. 工业机器人 ［M］. 武汉：华中科技大学出版社，2006.
[23] 范晶彦. 传感器与检测技术应用 ［M］. 北京：机械工业出版社，2005.
[24] 姜义. 光电编码器的原理与应用 ［J］. 机床电器，2010 (2)：25-28.
[25] 宋金虎. 我国焊接机器人的应用与研究现状 ［J］. 电机焊，2009，39 (4)：18-21.
[26] 赵臣，王刚. 我国工业机器人产业发展的现状调研报告 ［J］. 机器人技术与应用，2009，(2)：8-13.
[27] 嵇萍，刘泗岩. 微型机器人驱动技术发展综述 ［J］. 微电机，2009，42 (8)：88-90.
[28] 陶国良，谢建蔚，周洪. 气动人工肌肉的发展趋势与研究现状 ［J］. 机械工程学报，2009，45 (10)：75-83.
[29] 魏巍. 机器人技术入门 ［M］. 北京：化学工业出版社，2014.